Stephan Klatt

# Mikrofluidischer Prozessor auf Basis stimuli-sensitiver Hydrogele

Bibliografische Information der Deutschen Nationalbibliothek:
Die Deutsche Nationalbibliothek verzeichnet diese Publikation in der Deutschen Natio-
nalbibliografie; detaillierte bibliografische Daten sind im Internet über http://dnb.dnb.de
abrufbar.



Herstellung und Verlag: BoD – Books on Demand, Norderstedt

ISBN: 978-3-7431-4156-8

Technische Universität Dresden

# Mikrofluidischer Prozessor auf Basis stimuli-sensitiver Hydrogele

## Stephan Klatt

von der Fakultät Elektrotechnik und Informationstechnik
der Technischen Universität Dresden

zur Erlangung des akademischen Grades eines

**Doktoringenieurs**

(Dr.-Ing.)

genehmigte Dissertation

Vorsitzender:   Prof. Dr.-Ing. habil. Thomas Zerna

Gutachter:   Prof. Dr.-Ing. Andreas Richter      Tag der Einreichung:   14.04.2016

           Prof. Dr. rer. nat. Dirk Kuckling      Tag der Verteidigung:   02.12.2016

# Inhaltsverzeichnis

# Abbildungsverzeichnis

# Tabellenverzeichnis

# Verzeichnis verwendeter Symbole und Abkürzungen

## Symbole

| Symbol | Benennung | Einheit |
|---|---|---|
| $A$ | Mikrostrukturfaktor | - |
| $A_{\mathrm{K}}$ | Querschnittsfläche des Kanals | $\mathrm{mm}^2$ |
| $B$ | Volumenfaktor | - |
| $b_{\mathrm{K}}$ | Kanalbreite | µm |
| $c$ | Stoffmengenkonzentration | mol/l |
| $C_{\mathrm{th}}$ | Thermische Kapazität | J/K |
| $Ca$ | Kapillaritätszahl | - |
| $D$ | Diffusionskoeffizient | $\mathrm{m}^2/\mathrm{s}$ |
| $D_{\mathrm{coop}}$ | Kooperative Diffusionskonstante | $\mathrm{cm}^2/\mathrm{s}$ |
| $d_{\mathrm{Lös}}$ | Schichtdicke der Lösung | mm |
| $E$ | Elastizitätsmodul | MPa |
| $E_\lambda$ | Extinktion bzw. Absorption bei der Wellenlänge $\lambda$ | - |
| $E_{\lambda,\infty}$ | Extinktion bzw. Absorption bei der Wellenlänge $\lambda$ nach unendlich langer Reaktionsdauer | - |
| $Eu$ | EULER-Zahl | - |
| $F_{\mathrm{Aktor}}$ | Aktorkraft | N |
| $F_{\mathrm{Membran}}$ | Rückstellkraft der Membran | N |
| $F_{\mathrm{p,Ausgang}}$ | Durch Druck auf der Ausgangsseite der Pumpe verursachte Kraft | N |
| $F_{\mathrm{p,Eingang}}$ | Durch Druck auf der Eingangsseite der Pumpe verursachte Kraft | N |
| $F_{\mathrm{p,QM}}$ | Durch Druck des Quellmittels verursachte Kraft | N |

| | | |
|---|---|---|
| $h_\mathrm{K}$ | Kanalhöhe | µm |
| $I_0$ | Intensität des eingestrahlten Lichtes | W/m$^2$ |
| $I_1$ | Intensität des transmittierten Lichtes | W/m$^2$ |
| $I_\mathrm{heiz}$ | Elektrischer Heizstrom | mA |
| $l_\mathrm{c}$ | Charakteristische Länge | mm |
| $m$ | Masse | g |
| $V$ | Volumen | ml, µl |
| $M_\mathrm{c}$ | Netzkettenmolmasse | g/mol |
| $[P]$ | Produktkonzentration | mol/l |
| $[P]_\infty$ | Produktkonzentration nach unendlich langer Reaktionsdauer | mol/l |
| $p_\mathrm{Ausgang}$ | Druck auf der Ausgangsseite der Pumpe | Pa, mbar |
| $P_\mathrm{boost}$ | Boost-Leistung | mW |
| $p_\mathrm{Eingang}$ | Druck auf der Eingangsseite der Pumpe | Pa, mbar |
| $P_\mathrm{halte}$ | Halteleistung | |
| $P_\mathrm{heiz}$ | Heizleistung | mW |
| $p_\mathrm{QM}$ | Druck des Quellmittels | Pa, mbar |
| $Pe$ | PÉCLET-Zahl | - |
| $\dot{Q}$ | Wärmestrom | mW/s |
| $Q$ | Volumenquellungsgrad | - |
| $R$ | molare Gaskonstante | 8,314 J/(mol K) |
| $R_\mathrm{heiz}$ | Elektrischer Heizwiderstand | $\Omega$ |
| $r_\mathrm{Q}$ | Radius im voll gequollenen Zustand | mm |
| $R_\mathrm{th}$ | Thermischer Widerstand | K/W |
| $R_\mathrm{vor}$ | Elektrischer Vorwiderstand | $\Omega$ |
| $Re$ | REYNOLDS-Zahl | - |
| $Re_\mathrm{krit}$ | Kritische REYNOLDS-Zahl | - |
| $s_\mathrm{D}$ | Diffusionsweg | µm |
| $s_\mathrm{M}$ | Länge der Mischstrecke | mm |
| $T$ | absolute Temperatur | K |
| $t$ | Zeit | s |
| $t_\mathrm{auf}$ | Öffnungszeitpunkt | s |
| $t_\mathrm{aus}$ | Ausschaltzeitpunkt | s |
| $t_\mathrm{boost}$ | Zeitdauer des Boosts | s |
| $t_\mathrm{D}$ | Diffusionszeit | s |

| | | |
|---|---|---|
| $t_{\mathrm{ein}}$ | Einschaltzeitpunkt | s |
| $t_{\mathrm{halte}}$ | Zeitliche Haltedauer | s |
| $t_{\mathrm{M}}$ | Messzeitpunkt | s |
| $t_{\mathrm{zu}}$ | Schließzeitpunkt | s |
| $U$ | Elektrische Spannung | V |
| $U_{\mathrm{boost}}$ | (Elektrische) Boost-Spannung | V |
| $U_{\mathrm{halte}}$ | (Elektrische) Haltespannung | V |
| $\dot{V}$ | Volumenstrom | µl/min |
| $V_{\mathrm{A}}$ | Molvolumen des Lösungsmittels | cm$^3$/mol |
| $v_{\mathrm{D}}$ | Diffusionsgeschwindigkeit | mm/s |
| $\dot{V}_{\mathrm{disp}}$ | Volumenstrom der zu dispergierenden Phase | µl/min |
| $v_{\mathrm{F}}$ | Fließgeschwindigkeit im Kanal | mm/s |
| $\dot{V}_{\mathrm{kont}}$ | Volumenstrom der kontinuierlichen Phase | ml/min |
| $We$ | WEBER-Zahl | - |
| $\beta$ | Massenkonzentration | g/l |
| $\varepsilon$ | Dehnung | % |
| $\varepsilon_{\lambda}$ | Molarer Absorptionskoeffizient bei der Wellenlänge $\lambda$ | l/(mol mm) |
| $\eta$ | Dynamische Viskosität | kg/(m s) |
| $\eta$ | memory-Term | - |
| $\vartheta$ | Temperatur | °C |
| $\vartheta_{\mathrm{basis}}$ | Basis-, Kühl- bzw. Umgebungstemperatur | °C |
| $\vartheta_{\mathrm{halte}}$ | Haltetemperatur | °C |
| $\vartheta_{\mathrm{PÜ}}$ | Phasenübergangstemperatur | °C |
| $\vartheta_{\mathrm{schalt}}$ | Schalttemperatur | °C |
| $\lambda$ | Wellenlänge | nm |
| $\nu$ | Kinematische Viskosität | m$^2$/s |
| $\pi_{\mathrm{Q}}$ | Quellungsdruck | Pa |
| $\rho$ | Massendichte | kg/m$^3$ |
| $\rho_{\mathrm{B}}$ | Dichte des ungequollenen Netzwerks | g/cm$^3$ |
| $\sigma$ | Mechanische Spannung | MPa |
| $\sigma$ | Volumenkonzentration | % |
| $\tau$ | Zeitkonstante | s |
| $\phi_{\mathrm{B}}$ | Volumenbruch des Polymers | - |
| $\chi$ | Wechselwirkungsparameter nach HUGGINS | - |
| $\omega$ | Massenanteil | % |

| | | |
|---|---|---|
| $\Delta\vartheta$ | Temperaturdifferenz | K |
| $\Delta\vartheta_{\text{stat}}$ | Temperaturdifferenz im statischen Zustand | K |
| $\Delta\mu_{\text{A}}$ | chemische Potenzialdifferenz des Lösungsmittels | J/mol |
| $\Delta\mu_{\text{A,el}}$ | elastischer Anteil an der chemischen Potenzialdifferenz des Lösungsmittels | J/mol |
| $\Delta\mu_{\text{A,m}}$ | Mischungsanteil an der chemischen Potenzialdifferenz des Lösungsmittels | J/mol |

# Abkürzungen

| | | |
|---|---|---|
| ABTS | Diammoniumsalz der 2,2'-Azino-di-(3-ethylbenzthiazolin)-6-sulfonsäure | |
| AE | Aktorebene | |
| AVT | Aufbau- und Verbindungstechnologie | |
| BIS | $N,N'$-Methylenbisacrylamid | |
| CAD | Computer-aided Design, rechnerunterstützter Entwurf | |
| CNC | Computerized Numerical Control, elektronische Steuerung von Maschinen | |
| DARPA | Defense Advanced Research Projects Agency, eine Behörde des Verteidigungsministeriums der USA | |
| DNS | Desoxyribonukleinsäure | |
| DSL | Domain Specific Language, Domänenspezifische Sprache | |
| EDTA | Ethylendiamintetraessigsäure | |
| ETS | Elektrothermische Schnittstelle | |
| EWOD | Electrowetting on Dielectric, Elektrobenetzung auf Dielektrikum | |
| FDA | Food and Drug Administration, die behördliche Lebensmittelüberwachungs- und Arzneimittelzulassungsbehörde der USA | |
| FR4 | Leiterplattenmaterial aus Epoxidharz & Glasfasergewebe (Flame Retardant) | |
| GUI | Graphical User Interface, Grafische Benutzerschnittstelle | |
| IDT | Interdigitaltransducer | |
| IPN | Interpenetrierendes Netzwerk | |
| Irgacure® 2959 | 2-Hydroxy-4'-(2-hydroxyethoxy)-2-methylpropiophenon | |
| ITO | Indium Tin Oxide, Indiumzinnoxid | |

| | |
|---|---|
| IUPAC | International Union of Pure and Applied Chemistry |
| KPS | Kaliumperoxodisulfat |
| LCD | Liquid Crystal Display, Flüssigkristallanzeige |
| LCST | Lower Critical Solution Temperature, untere kritische Lösungstemperatur |
| LED | Light Emitting Diode, Leuchtdiode |
| LOC | Lab-on-a-chip, „Westentaschenlabor" |
| LSI | Large Scale Integration, hoher Integrationsgrad |
| LSL | Lötstopplaminat |
| MEMS | Microelectromechanical Systems, Mikrosystemtechnik |
| NC | normally closed, Öffner(-ventil) |
| NIH | National Institutes of Health, das nationale US-Gesundheitsinstitut |
| NIPAAm | $N$-Isopropylacrylamid |
| NO | normally open, Schließer(-ventil) |
| PC | Personal Computer, Einzelplatzrechner |
| PCA | Portable Clinical Analyzer, portables klinisches Analysegerät |
| PDMS | Polydimethylsiloxan |
| PE | Prozessebene |
| PET | Polyethylenterephthalat |
| PM | Prozessmedium |
| PMMA | Polymethylmethacrylat |
| PNIPAAm | Poly($N$-Isopropylacrylamid) |
| POCT | Point-of-Care Testing, patientennahe Sofort- oder Labordiagnostik |
| PTFE | Polytetrafluorethylen, Handelsbezeichnung Teflon® |
| PU | Polyurethan |
| PWM | Pulsweitenmodulation |
| QMV | Quellmittelversorgung |
| REM | Rasterelektronenmikroskopie |
| RTV | Room Temperature Vulcanisation, vernetzend bei Raumtemperatur |
| SAW | Surface Acoustic Wave, Akustische Oberflächenwelle |
| SD Card | Secure Digital Memory Card, eine digitale Speicherkarte |
| SHM | Staggered Herringbone Mixer, Mischer mit versetztem Fischgrätenmuster |
| SMD | Surface-mounted device, Oberflächenmontierbares Bauelement |

| | |
|---|---|
| TCO | Transparent Conducting Oxide, Transparentes elektrisch leitfähiges Oxid |
| TEMED | $N,N,N',N'$-Tetramethylethylendiamin |
| TFT | Thin-Film Transistor, Dünnschichttransistor |
| UCST | Upper Critical Solution Temperature, obere kritische Lösungstemperatur |
| USB | Universal Serial Bus, ein serielles Bussystem |
| UV | Ultraviolett(es Licht) |
| µ-TAS | Miniaturized Total Chemical Analysis System, miniaturisiertes vollständiges chemisches Analysesystem |

# 1 Einleitung

## 1.1 Motivation

Aus Science-Fiction soll Realität werden: Die X-Prize Foundation lobt 10 Millionen Dollar für die Entwicklung eines portablen medizinischen Gerätes aus, das bequem eine umfassende Diagnose eines Patienten ermöglicht - ähnlich dem aus der Science-Fiction-Serie Star Trek bekanntem „Tricorder" [1; 2]. Die Organisation ist für das Ausloben hochdotierter Preise für meist spektakuläre wissenschaftliche und technische Leistungen bekannt, zu denen beispielsweise der erste private Weltraumflug und eine schnelle, kostengünstige und exakte DNS-Sequenzierung (Desoxyribonukleinsäure) gehören [3; 4].

Ähnliche Funktionen wie der Tricorder, also ein Point-of-Care Testing (POCT, patientennahe Sofort- oder Labordiagnostik) kann ein so genanntes μ-TAS (Miniaturized Total Chemical Analysis System, miniaturisiertes vollständiges chemisches Analysesystem) bieten, wenn auch nicht berührungslos. Der Begriff μ-TAS wurde von ANDREAS MANZ geprägt: Man versteht darunter eine weitgehende Integration der notwendigen Schritte der Analyse einer Probe, zu denen die Probenaufnahme und deren Vorbehandlung, das Separieren des Analyten sowie die eigentliche Messung und deren Auswertung gehören, in ein kleines Gerät [5]. Solch ein Gerät kann ein mikrofluidisches Lab-on-a-chip (LOC, „Westentaschenlabor") sein. LOCs sind Systeme, die auf kleiner Fläche bzw. in kleinem Volumen Laborfunktionalitäten bereitstellen.

Von POCT spricht man, wenn diagnostische Untersuchungen anstatt in einem Zentrallabor direkt vor Ort durchgeführt werden, also beispielsweise in der Arztpraxis, beim Patienten zu Hause oder am Unfallort. Dabei sind in der Regel keine Probenvorbereitung und keine zusätzlichen Reagenzien notwendig, Messgeräte sind integriert. Größter Vorteil des POCT ist, dass die Ergebnisse deutlich schneller zur Verfügung stehen. [6]

Eine Forschungsinitiative, in der die US-amerikanischen Organisationen NIH (National Institutes of Health, das nationale Gesundheitsinstitut), DARPA (Defense Advanced Research Projects Agency, eine Behörde des Verteidigungsministeriums) und FDA (Food and Drug Administration, die behördliche Lebensmittelüberwachungs- und Arzneimittelzulassungsbehörde) zusammenarbeiten, zeigt ebenfalls das große Potenzial der Mikrofluidik: Es soll der gesamte menschliche Organismus mithilfe von dreidimensionalen Chips simuliert werden, die menschliche Zellen und Gewebe enthalten und jeweils ein Organ darstellen. An diesem System lassen sich Medikamente in einem frühen Entwicklungsstadium erproben, ohne dass Tierversuche nötig sind oder Patienten unnötigen Risiken ausgesetzt werden müssen. [7]

In mikrofluidischen Systemen werden Volumina im Mikro- und Pikoliterbereich verarbeitet. Sie bieten eine Reihe von Vorteilen, beispielsweise für die Analytik: [8–11]

- Analysierbarkeit kleinster Probenmengen und Handhabbarkeit einzelner Zellen
- geringer Reaktantenverbrauch, dadurch weniger Abfall
- Realisierbarkeit einer Vielzahl verschiedener Funktionen
- Kostenreduktion (Kosten je Untersuchung)
- Geringer Platz- und Energiebedarf
- Schnelleres Bereitstehen der Ergebnisse
- Hohe Durchsätze durch Serialisierung und Parallelisierung.

Es wird seit vielen Jahren intensiv auf dem Gebiet der Mikrofluidik geforscht und viel investiert, doch trotz allem gibt es bisher nur wenige kommerzielle Anwendungen mit einem nennenswerten Marktanteil [11]. Stimuli-sensitive Hydrogele könnten als hoch integrierbare, kostengünstige Aktoren in komplexen mikrofluidischen Systemen die Probleme der bestehenden mikrofluidischen Plattformen lösen. Die vorliegende Arbeit soll zeigen, dass mikrofluidische Prozessoren auf Basis von elektrothermisch steuerbaren Hydrogelaktoren ein möglicher Weg zum Erreichen dieses Ziels sind.

## 1.2 Konzept der vorliegenden Arbeit

Dieser Nachweis kann anhand einer in der Praxis existierenden Aufgabenstellung erbracht werden: Chemische und biologische Prozesse, die zur Zeit noch in speziellen

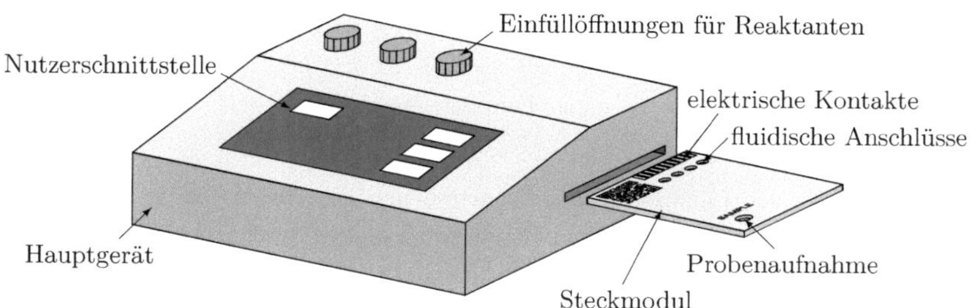


**Abbildung 1.1:** Gerätekonzept mit Steckmodulsystem

Labors durchgeführt werden, sollen direkt vor Ort automatisiert in mikrofluidischen Prozessoren ablaufen.

Dabei sind grundsätzlich zwei Fälle zu unterscheiden: Wird der Prozessor bei der Untersuchung durch Kontamination unbrauchbar, muss er nach der Benutzung entweder (aufwändig) gereinigt werden oder problemlos entsorgt werden können (Einmalverwendung). Stellt eine (Rest-)Kontamination (evtl. nach einem Spülvorgang) kein Problem dar und soll der Prozessor beispielsweise für eine periodische Messung eingesetzt werden, muss er seine Funktion mehrmals erfüllen können (Mehrfachverwendung). Um insbesondere im Falle der Einmalverwendung Kosten und Ressourcenverbrauch gering zu halten, bietet sich eine Trennung in zwei Gruppen an: Komponenten, die mit den zu verarbeitenden Stoffen in Kontakt kommen und gegebenenfalls ausgetauscht werden, sowie Komponenten, die dauerhaft verwendet werden können. Dieser Ansatz kann mittels eines Steckmodulsystems realisiert werden, wobei sich die mikrofluidischen Komponenten in den Steckmodulen befinden. Ein entsprechendes Konzept ist in Abb. 1.1 dargestellt.

Dabei ist ein Kompromiss zwischen hoher Integration und Auslagerung zu finden. Es bieten sich die Benutzerschnittstelle, die Steuerungselektronik, die Versorgung mit Reaktanten und die Analysesysteme für eine Auslagerung ins Hauptgerät an.

Die Trennung in Hauptgerät und Steckmodule ermöglicht auch zusätzliche Funktionen. So erlaubt eine Vernetzung die Übertragung von Analyseergebnissen, die dann an anderer Stelle problemlos und zeitnah ausgewertet werden können. Wird der Mikrofluidikprozessor zur Prozessüberwachung eingesetzt, können so auch Warnungen ausgegeben und automatisiert geeignete Maßnahmen eingeleitet werden, wenn die überwachten Werte gesetzte Schranken über- bzw. unterschreiten.

Im Rahmen der Arbeit soll das Konzept eines kompletten POCT-Systems erarbeitet werden, das den Steckmodulen gemäß dem in Abb. 1.1 gezeigten Gerätekonzept entspricht. Zusätzlich muss die nötige Peripherie geschaffen werden, um den Prozessor betreiben zu können.

Für das Herstellen mikrofluidischer Elemente und Systeme unter den gegebenen Voraussetzungen wird eine Aufbau- und Verbindungstechnologie (AVT) benötigt. Die Entwicklung der AVT geht dabei mit der Entwicklung der fluidischen Elemente Hand in Hand, da beides voneinander abhängt und stetig aneinander anzupassen und zu optimieren ist. Die AVT soll ein kostengünstiges, möglichst schnelles und wenig aufwändiges Fertigen erlauben.

Zur Peripherie des Prozessors gehören insbesondere die elektrische Steuerung und eine Nutzerschnittstelle, die das Bedienen des Geräts ermöglicht. Für die elektrische Steuerung sind sowohl Hardware als auch Software zu schaffen.

In Hinblick auf die mikrofluidischen Komponenten sollen die aktiven Grundelemente, d. h. Ventile und Pumpen, als diskrete Elemente hergestellt und ihr Aufbau insbesondere hinsichtlich ihrer Integrierbarkeit in den Prozessor optimiert werden. Diese steht dabei im Vordergrund, gleichzeitig ist allerdings die Leistungsfähigkeit der Elemente zu berücksichtigen.

Am Ende der Entwicklung soll eine mikrofluidische Plattform stehen, mit der Systeme aus den erforderlichen passiven und aktiven mikrofluidischen Grundelementen realisiert werden können. Anhand eines Prototypen eines Prozessors, dessen Funktion und Gestaltung eine konkrete Aufgabe zu Grunde liegen soll, ist die Eignung der AVT sowie die Funktionsfähigkeit der integrierten Elemente zu zeigen. Dafür muss basierend auf der Aufgabe ein fluidischer Schaltplan und ein Layout für den Prozessor sowie ein Steuerprogramm erstellt werden.

# 2 Stand der Technik

## 2.1 Physikalische Besonderheiten der Mikrofluidik

Die Mikroelektronik hat es vorgemacht: Sie löste durch Miniaturisierung eine technische Revolution aus, deren Einfluss sich auf nahezu jeden Lebensbereich erstreckt. Es ist naheliegend, die Miniaturisierung auch auf anderen technischen bzw. wissenschaftlichen Feldern wie der Chemie und der Biologie zu realisieren. Dies geschieht beispielsweise durch die Mikrofluidik. Allerdings ändert sich die darunterliegende Physik bei dieser in einem hohen Maße. So lässt sich das aus dem Makroskopischen bekannte und intuitiv vorhersehbare Verhalten nicht oder nur sehr eingeschränkt in den Mikro- und Nanoliterbereich übertragen. Grund dafür ist beispielsweise das Verhältnis von Oberfläche zu Volumen der Fluide, das sich um Größenordnungen ändert. Dadurch gewinnen Oberflächeneffekte, die in der makroskopischen Welt eine eher geringe Rolle spielen, stark an Bedeutung.

Es existiert eine Reihe dimensionsloser fluidischer Kennzahlen, die das Verhältnis verschiedener Effekte zueinander beschreiben. Bei Übereinstimmung dieser Zahlen verhalten sich gemäß der Ähnlichkeitstheorie physikalische Vorgänge auch unter anderen absoluten Bedingungen ähnlich und erlauben beispielsweise deren Untersuchung mittels Modellversuchen. Eine ausführliche Beschreibung der Physik der Mikrofluidik anhand der Kennzahlen veröffentlichten TODD SQUIRES und STEPHEN QUAKE in ihrem Review „Microfluidics: Fluid physics at the nanoliter scale" [12]. Für die Mikrofluidik bedeutsame Kennzahlen sind der Tabelle 2.1 zu entnehmen, die zwei wichtigsten werden im Folgenden genauer vorgestellt. [13]

**Tabelle 2.1:** Dimensionslose Kennzahlen [14].

| Kennzahl | Zeichen | Verhältnis von | typisch[1] | Konsequenz[1] |
|---|---|---|---|---|
| REYNOLDS-Zahl | $Re$ | Trägheit : viskose Reibung | klein | keine Turbulenzen |
| PÉCLET-Zahl | $Pe$ | Konvektion : Diffusion | klein | Mischung durch Diffusion |
| WEBER-Zahl | $We$ | Trägheit : Oberflächenspannung | klein | hoher Einfluss der Oberflächenspannung |
| EULER-Zahl | $Eu$ | Druckabfall : Trägheit | groß | hoher Druckabfall |
| Kapillaritätszahl | $Ca$ | Oberflächenkraft : Reibungskraft | -[2] | (unabhängig von der Dimension) |

[1] in der Mikrofluidik
[2] lediglich materialabhängig

Die **Reynolds-Zahl** $Re$ beschreibt das Verhältnis von Trägheits- zu Zähigkeitskräften. Sie hängt von der kinematischen Viskosität $\nu$, der Fließgeschwindigkeit des Fluids $v_\mathrm{F}$ und der charakteristischen Geometrie bzw. Länge $l_\mathrm{c}$ des durchströmten Körpers ab:

$$Re = \frac{v_\mathrm{F} \cdot l_\mathrm{c}}{\nu} \,. \tag{2.1}$$

Dabei ist die kinematische Viskosität $\nu$ der Quotient aus der dynamischen Viskosität $\eta$ und der Massendichte $\rho$ des Fluids: $\nu = \eta/\rho$. Die zu wählende charakteristische Geometrie hängt von der Form des Körpers ab, bei einer durchströmten Röhre ist es beispielsweise üblicherweise ihr Durchmesser oder Radius.

Die REYNOLDS-Zahl erlaubt eine Abschätzung, ob eine Strömung laminar oder turbulent verlaufen wird. Wird die für eine jeweilige Anordnung bestimmbare kritische REYNOLDS-Zahl $Re_\mathrm{krit}$ unterschritten, geht eine turbulente Strömung in eine laminare über, darüber ist eine turbulente Strömung möglich. Für die Strömung in einer geraden Röhre mit dem Radius als charakteristische Geometrie liegt $Re_\mathrm{krit}$ zwischen 2000 und 3000 [12].

Bei Wasser als Fluid und für die Mikrofluidik typischen Werten – $l_\mathrm{c} = (1 \ldots 500)\,\mu\mathrm{m}$, $v_\mathrm{F} = 1\,\mu\mathrm{m/s} \ldots 1\,\mathrm{cm/s}$ – ergibt sich für $Re$ ein Bereich von $10^{-6} \ldots 5$. Diese Werte liegen weit unter $Re_\mathrm{krit}$, somit sind mikrofluidische Strömungen fast immer laminar. Um Turbulenzen zu erzeugen, sind sehr hohe Fließgeschwindigkeiten erforderlich.

Durch die **Péclet-Zahl** $Pe$ wird das Verhältnis von konvektivem zu diffusivem Stoff-transport beschrieben. Diese Kennzahl hängt ebenfalls von einer charakteristischen Länge $l_c$, hier der des Transportprozesses, und der Fließgeschwindigkeit $v_F$ sowie dem Diffusionskoeffizienten $D$ ab:

$$Pe = \frac{v_F \cdot l_c}{D} \, . \tag{2.2}$$

Wie die Reynolds-Zahl ist auch die Péclet-Zahl in mikrofluidischen Systemen typischerweise sehr klein, so dass bei den Transportprozessen die durch die Brownsche Bewegung verursachte Diffusion gegenüber der durch Strömung verursachten Konvektion bei weitem überwiegt. Dadurch und durch die fehlenden Turbulenzen erfolgt das Mischen zweier Fluide lediglich durch Diffusion und benötigt damit vergleichsweise viel Zeit.

## 2.2 Mikrofluidische Plattformen

Roland Zengerle et al. teilen mikrofluidische Plattformen nach der hauptsächlich wirkenden Triebkraft für den Flüssigkeitstransport ein [11]:

- Kapillareffekt
- Druck
- Zentrifugalkraft
- Elektrokinetik
- Akustik.

Die Plattformen werden in den folgenden Kapiteln vorgestellt.

### 2.2.1 Auf dem Kapillareffekt basierende Plattformen

Kapillarkräfte werden schon lange Zeit auch in kommerziell erhältlichen Produkten genutzt, so sorgen sie beispielsweise für den Flüssigkeitstransport in Teststreifen für Drogen- und Schwangerschaftstests [15]. An deren Beispiel wird im Folgenden die Funktionsweise eines **Streifentests** erläutert.

Der Schwangerschaftstest basiert auf dem Nachweis des Hormons hCG, das im Falle einer Schwangerschaft im Urin vorhanden ist. Abb. 2.1 zeigt den typischen Aufbau

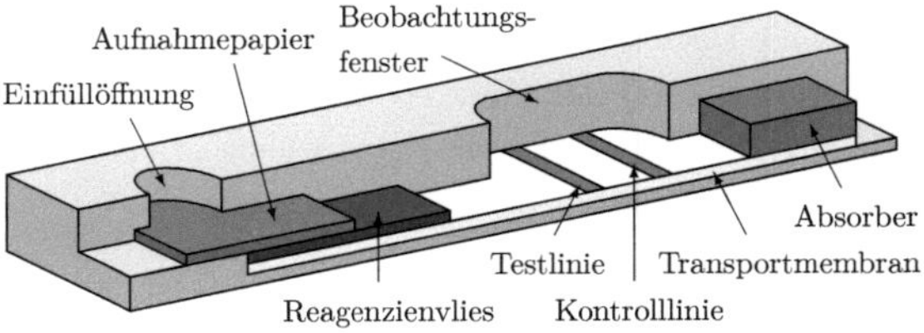

**Abbildung 2.1:** Aufbau eines Streifentestgeräts zur Erkennung einer Schwangerschaft nach [16; 17].



eines solchen Streifentestgeräts. Das Aufnahmepapier dient zum groben Filtern der Probenflüssigkeit, in diesem Fall also des Urins. Es enthält weiterhin Puffersalze zur Einstellung eines optimalen pH-Werts der Probenflüssigkeit. Das Reagenzienvlies enthält neben weiteren Puffersalzen, Tensiden, Zuckern und Proteinen farbig markierte hCG-Antikörper. Das Hormon hCG ist somit das Antigen, an das diese Antikörper spezifisch anbinden können. Die Transportmembran, in der der Kapillareffekt genutzt wird, besteht meist aus Zellulosenitrat. Auf ihr sind im Teststreifen weitere hCG-Antikörper immobilisiert, die aber an einem anderen Teil des Hormons anbinden. Ist das Hormon hCG im Urin in der Probenflüssigkeit enthalten, sammeln sich die gebildeten Antigen-Antikörper-Farbstoff-Komplexe im Teststreifen. Ist die Konzentration hoch genug, wird eine Verfärbung mit bloßem Auge erkennbar, was typischerweise wenige Minuten dauert. Im Kontrollstreifen befinden sich weitere immobilisierte Antikörper, die überschüssige hCG-Antikörper binden und ihn so in jedem Fall einfärben. Das Absorbervlies nimmt die Probenflüssigkeit auf und ermöglicht so einen (begrenzten) steten Fluss. [16]

Neben diesen sehr einfachen Geräten gibt es inzwischen auch komplexere Anwendungen, die eine quantitativen Analyse typischerweise mittels Fluoreszenz oder elektrochemischer Detektion erlauben. Ein kapillares Kanalnetzwerk ermöglicht die Integration von Kontroll- und Kalibrierfunktionalitäten, weiterhin werden Ergebnisse bereits nach einigen Sekunden erhalten. Die Einfachheit von etablierten, auf Kapillarkräften basierenden mikrofluidischen Geräten ist Grund für ihre hohe Kosteneffizienz, bedingt aber eine eingeschränkte Funktionalität. [11]

## 2.2.2 Druckbetriebene Plattformen

Zu den durch Druck betriebenen mikrofluidischen Plattformen werden u. a. sogenannte **linear betriebene** Geräte gezählt. Diese sind durch einen linearen Aufbau charakterisiert, d. h. durch das Fehlen von Verzweigungen. Der Flüssigkeitstransport erfolgt typischerweise durch deren Verdrängen aus einer flexiblen Kammer mittels eines externen Stößels.

Ein frühes kommerziell erhältliches Gerät dieser Klasse ist der i–STAT® Portable Clinical Analyzer (PCA, portables klinisches Analysegerät) von Abbott Point of Care Inc., welcher aus einem Handgerät und Einwegkassetten besteht. Die quantitative Analyse der Blutproben findet mittels in den Einwegkassetten integrierter Dünnschicht-elektroden statt. Es können mit einer einzelnen Kassette beispielsweise die Protonen-, Sauerstoff-, Kohlenstoffdioxid, Natrium- und Kaliumkonzentrationen, aber auch der Hämatokrit bestimmt werden. In den Kassetten befindet sich weiterhin ein Beutel mit Kalibrierungsflüssigkeit, welche vor der eigentlichen Blutprobe durch eine Mechanik im Handgerät auf die Elektroden gedrückt wird, um diese zu kalibrieren. Die ausreichende Genauigkeit und damit die Tauglichkeit für klinische Zwecke wurde bestätigt. [18]

Der i–STAT® PCA ist somit ein LOC bzw. µ-TAS. Es ermöglicht aufgrund seiner Portabilität POCT (siehe Kap. 1.1). Als Nachteil dieser Geräte wird die fehlende Flexibilität hinsichtlich Anpassungen und die sehr begrenzte Anzahl realisierbarer einzelner Operationen angesehen [11].

Eine weitere Klasse erzeugt durch **Druckgradienten** einen meist stabilen, laminaren Fluss in Mikrokanälen. Diese Druckgradienten können extern oder intern beispielsweise durch Spritzen, (Mikro-)Pumpen, sich ausdehnende Gase oder die pneumatische Auslenkung von Membranen aufgebaut werden.

Der so erzeugte laminare Fluss wird vielfältig angewendet. Er ermöglicht beispielsweise ein kontrolliertes diffusionsbasiertes Mischen verschiedener Flüssigkeiten und stabile Phasenbildung wie sie bei der Flussfokussierung genutzt wird. Diese erlaubt wiederum das Aufreihen und damit das Zählen von Partikeln und Zellen oder auch die Herstellung sphärischer Partikel (siehe dazu auch Kap. 3.6.3). Die Prozesse können kontinuierlich stattfinden, dies ist ein großer Vorteil dieser Klasse.

Als schwierig stellt sich dagegen die Integration von Mikroventilen zur Flusssteuerung dar. Es gibt zwar viele Ansätze, aber es hat sich noch kein Standard etabliert [19]. Aus diesem Grund wird die Flusssteuerung in der Regel ebenso wie die Druckquelle extern implementiert. [11]

Abb. 2.2 zeigt integrierbare herkömmliche, mechanische Aktorprinzipien auf Basis von Silizium, wie sie in Mikroventilen und auch -pumpen eingesetzt werden, insbesondere

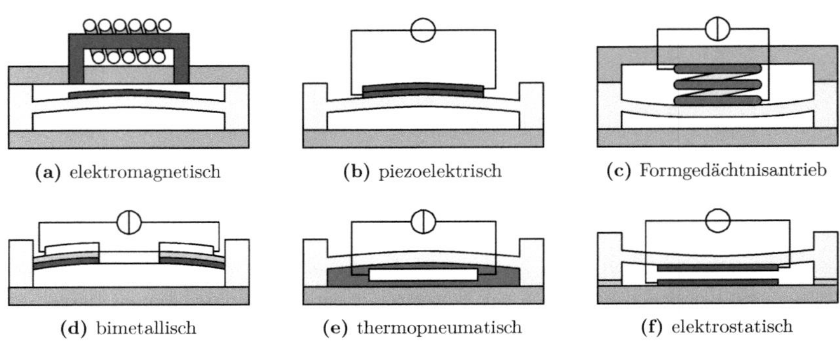



**Abbildung 2.2:** Mechanische Aktorprinzipien für Mikroventile gemäß [19].

in MEMS (Microelectromechanical Systems, Mikrosystemtechnik). Andere, nichtmechanische Ventile basieren auf der Erzeugung von Blasen (beispielsweise elektrolytisch [20]), auf Phasenübergängen (von stimuli-sensitiven Hydrogelen, siehe Kap. 2.3.2; von Paraffin [21]; Sol-Gel-Übergänge [22]) und auf Ferrofluiden [23]. [19]

**Pneumatisch gesteuerte** mikrofluidische Prozessoren mit integrierten mikromechanischen Ventilen und Pumpen realisierte die Gruppe von STEPHEN QUAKE [24]. Die Prozessoren bestehen aus mehreren strukturierten Schichten aus flexiblem Polydimethylsiloxan (PDMS, siehe dazu auch Kap. 4.4.1). Über der Prozessebene liegt eine weitere Ebene mit pneumatischen Steuerkanälen. Der Aufbau und die Funktionsweise eines Ventils sind in Abb. 2.3 dargestellt. Wird der Steuerungskanal unter Druck gesetzt, quetscht dieser den darunterliegenden Fluidkanal und schließt ihn. Das Verdrängen des Fluids in den Ventilen ist auch für peristaltisches Pumpen nutzbar, wenn mehrere solcher Ventile hintereinander angeordnet werden. Mischer lassen sich durch eine Anordnung realisieren, die das Gemisch beliebig lange in einem ringförmigen Kanal pumpt. Dieses Prinzip nutzt die Firma Fluidigm, die derzeit vermutlich die erfolgreichsten hochintegrierten Mikrofluidikprodukte herstellt [25].

Mit dieser Technologie lassen sich sehr viele aktive mikrofluidische Elemente auf kleinem Raum vereinen. Aus diesem Grund wird sie in Anlehnung an die Mikroelektronik auch als LSI (Large Scale Integration, hoher Integrationsgrad) bezeichnet [26].

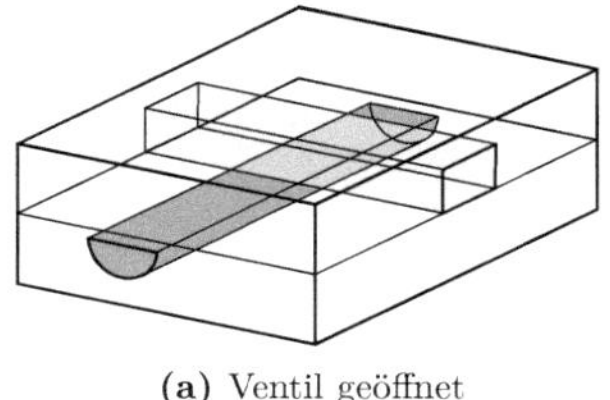

(a) Ventil geöffnet

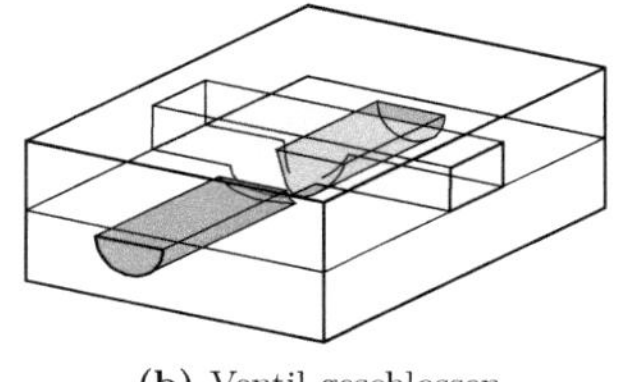

(b) Ventil geschlossen

**Abbildung 2.3:** Prinzip eines pneumatisch gesteuerten mikrofluidischen Prozessors nach [24] am Beispiel eines Mikroventils. Im unteren, dunkel dargestellten Kanal findet der Fluidtransport statt, der obere ist der Steuerkanal. Beide Kanäle sind durch eine flexible Schicht voneinander getrennt.

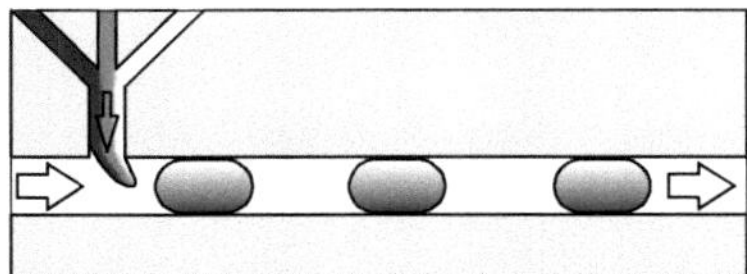

**Abbildung 2.4:** Segmentierter Fluss mit Tropfenerzeugung an einer T-förmigen Zuführung.

Die pneumatisch gesteuerten Prozessoren erlauben eine schnelle Änderung der Konfiguration und damit eine flexible Nutzung. Sie sind jedoch wegen der erforderlichen externen Druckquellen und Regeltechnik teuer und nicht für POCT geeignet.

Den druckgetriebenen Plattformen lässt sich auch der sogenannte **segmentierte Fluss** zuordnen. Dieses Prinzip charakterisieren Tropfen in einer zweiten, kontinuierlichen, nicht mischbaren flüssigen oder gasförmigen Phase in geschlossenen mikrofluidischen Kanälen. Diese Tropfen kapseln ihren Inhalt und wirken auf diese Weise wie Mikroreaktoren bzw. -container. Sie lassen sich in den Kanälen transportieren, zusammenführen, trennen und sortieren. [11]

Der grundlegende Prozessschritt ist die Tropfenerzeugung, da hierbei die Volumina der Mikroreaktoren festgelegt werden. Für diese Dosierung gibt es zwei Ansätze: Die T-förmige Zuführung und die Flussfokussierung [27; 28]. Ersteren Ansatz illustriert Abb. 2.4, letzteren Abb. 3.12 auf Seite 37.

Die Mischgeschwindigkeit in den Tropfen erhöht sich durch die an den Kanalwänden wirkenden Scherkräfte, die ein Zirkulieren des Gemisches innerhalb der Tropfen bewirken. Durch mäanderförmig verlaufende Kanäle und der damit einher gehenden

Beeinflussung dieser Zirkulation lässt sich der Mischvorgang weiter beschleunigen [29].

Als Hauptvorteile der Plattform werden die kleinen, präzise im Nanoliterbereich einstellbaren Volumina und der gute Einschluss der Reagenzien in den Tropfen genannt. Damit werden Untersuchungen mit hohem Durchsatz und ein relativ langes Aufbewahren der einzelnen Proben möglich. Sehr geringe Probenvolumina lassen sich wegen des hohen Volumenbedarfs vor und bei der Tropfengenerierung allerdings nicht verarbeiten. Für POCT ist die Technologie ebenfalls nicht geeignet, da manuell Verbindungen mit externen Pumpen hergestellt werden müssen. [11]

## 2.2.3 Auf Zentrifugalkraft basierende Plattformen

Bei dieser Plattform erfolgt der Flüssigkeitstransport durch Zentrifugalkräfte in rotierenden Kanalstrukturen. Die Kräfte können mittels der Drehgeschwindigkeit gesteuert werden, im Zusammenspiel mit den fluidischen Widerständen lässt sich ein sehr großer Bereich verschiedener Volumenströme einstellen. Der Transport erfolgt in der Regel vom Rotationszentrum weg, ist aber beispielsweise durch Nutzung von Kapillarkräften auch in andere Richtungen möglich.

Passive Ventile stoppen den Volumenfluss, solange eine definierte Drehgeschwindigkeit nicht überschritten wird. Sie nutzen die unterschiedlichen Eigenschaften von Flüssigkeit und Luft aus, beispielsweise durch eine abrupte Änderung der Kanalbreite, hydrophobe Beschichtung und die Kompression eingeschlossener Luft. Aktive Ventile können hingegen unabhängig von Flüssigkeitseigenschaften und Rotationsgeschwindigkeit geschaltet werden. Es kann beispielsweise Wachs mit Eisennanopartikeln von einem Laser aufgeschmolzen werden, so dass ein Kanal freigegeben oder verschlossen wird. Ein Laser ist ebenfalls dazu nutzbar, in einem aus Kunststoff bestehenden Aufbau mit mehreren Ebenen Verbindungen zwischen Kanälen in benachbarten Ebenen zu öffnen. Die Corioliskraft wird genutzt, um einen Fluss in Abhängigkeit von der Drehrichtung zu steuern, ohne dass Ventile benötigt werden.

Die Plattform bietet einige Vorteile. So können viele verschiedene, kleine mikrofluidische Elemente realisiert werden, damit ist ein hoher Integrationsgrad und eine Parallelisierung von Prozessen möglich. Die wirkende Zentrifugalkraft kann nicht nur zum Flüssigkeitstransport, sondern beispielsweise auch zur Separation von Blutplasma eingesetzt werden, da eine Zentrifuge leicht realisierbar ist.

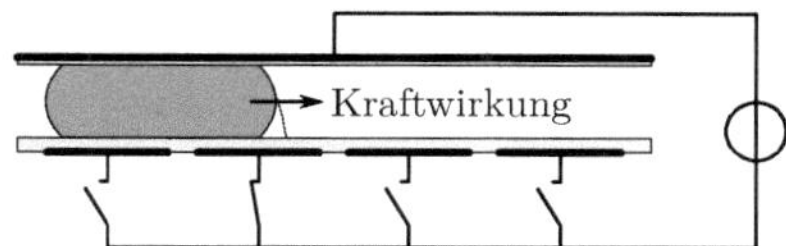


**Abbildung 2.5:** Prinzip des Flüssigkeitstransports durch Elektrobenetzung in mikrofluidischen Anwendungen nach [33]. Hellgrau ist die hydrophobe Beschichtung dargestellt, die an der oberen Elektrode leitfähig sein muss, die untere aber isoliert.

Als Probleme der Zentrifugalkräfte nutzenden mikrofluidischen Geräte werden die hohen Ansprüche an die Oberflächen der Kanalwände und die Überwachung während der Rotation angeführt. Es ist nicht möglich, viele Elemente hintereinander zu schalten, da sich der fluidische Widerstand zu stark erhöhen würde. Damit ist der Integrationsgrad begrenzt. Auch können Sensoren und weitere externe Elemente auf Grund der Rotation nur schwer eingebunden werden, insbesondere kabelgebundene elektrische Anschlüsse sind nicht möglich. Vollständige Portabilität ist ebenfalls nicht gegeben. [11; 30; 31]

## 2.2.4 Elektrokinetische Plattformen

Diese mikrofluidische Plattform nutzt elektrische Felder, um Flüssigkeiten zu transportieren oder aufzutrennen. Zu den Effekten gehören z. B. **Elektroosmose, Elektrophorese und Dielektrophorese**. Mittels Kapillarelektrophorese wurde bereits in den neunziger Jahren ein µ-TAS realisiert [32].

Die Elektrokinetik ermöglicht ein pulsationsfreies Pumpen und benötigt keine beweglichen Teile. Elektrophorese kann auch für die Analyse genutzt werden, beispielsweise zur Auftrennung bei der DNS-Sequenzierung. Probleme bereiten die Entstehung von Gasblasen an den Elektroden durch Elektrolyse, die Ausbildung von pH-Gradienten und die erforderlichen hohen Spannungen. [11]

Ein anderer genutzter elektrokinetischer Effekt ist die **Elektrobenetzung**. Mit ihrer Hilfe werden einzelne Tropfen in einer zweiten, nicht mischbaren Phase manipuliert, die sich auf einer oder zwischen hydrophoben Oberflächen befinden. Mittels einer Anordnung einzeln adressierbarer Elektroden kann durch das Anlegen einer Spannung die Oberflächenspannung der Tropfen und damit die Benetzung verändert werden. Ist sichergestellt, dass sich der Tropfen immer über mehreren dieser Elektroden befindet, kann er gezielt bewegt werden (Abb. 2.5). Der genutzte Effekt wird als EWOD (Electrowetting on Dielectric, Elektrobenetzung auf Dielektrikum) bezeichnet. [33]

Mit der Technologie lassen sich prinzipiell sehr kleine Volumina präzise und flexibel handhaben. Nachteilig ist neben der auch hier möglichen Elektrolyse der Einfluss der Flüssigkeitseigenschaften auf die Dosierung und die Transportgeschwindigkeit. Die notwendige aufwendige Steuerelektronik verhindert bisher einen Einsatz im POCT-Bereich.

## 2.2.5 Akustische Plattformen

Diese Plattformen nutzen **akustische Oberflächenwellen** (SAW, Surface Acoustic Waves), die als Schockwellen auf einer planaren hydrophoben Oberfläche Flüssigkeitstropfen bewegen. Sie werden von Interdigitaltransducern (IDT) auf Piezokristallen erzeugt. Auch diese Technologie ermöglicht, ähnlich wie die Elektrobenetzung (EWOD), das Handhaben sehr kleiner Flüssigkeitsmengen im Nanoliterbereich. Zwar hängt das Verhalten der Tropfen weniger von den Eigenschaften der Flüssigkeit ab als bei EWOD, dafür ist die Programmierbarkeit bzw. Flexibilität eingeschränkt, da die Positionen der IDTs eine große Rolle spielen. [11]

## 2.2.6 Passive Grundelemente

Viele fluidische Aufgaben lassen sich effizient und effektiv mittels passiver Bauelemente lösen. Die Funktion dieser Elemente wird durch ihre Form und die Eigenschaften der verwendeten Materialien definiert.

### Mischer

Aufgabe der Mischer ist das möglichst vollständige Mischen zweier oder mehrerer fluidischer Komponenten.

Das Mischen zweier Fluide erfordert in der Mikrofluidik aufgrund der in der Regel vorherrschenden laminaren Strömung andere Lösungsansätze als im makroskopischen Bereich.

**Laminationsmischer.** Werden zwei Fluidströme in einem (geraden) Kanal zusammengeführt, fließen sie laminar nebeneinander her. Ein Mischen in einem solchen Laminationsmischer findet lediglich durch Diffusion und damit sehr langsam statt. [34]

Die Berechnung der nötigen Länge des Mischers ist im Anhang A zu finden.

Für einen Volumenstrom $\dot{V} = 6\,\mu l/min$, eine Kanalbreite $b_K = 500\,\mu m$, eine Kanalhöhe $h_K = 200\,\mu m$ und einen Diffusionskoeffizienten $D = 10^{-9}\,m^2/s$, typische Werte für den in dieser Arbeit beschriebenen mikrofluidischen Prozessor, beträgt die Mischstrecke für einen lediglich auf Diffusion basierenden Mischer $s_M = 125\,mm$.

Die nötige Strecke kann verkürzt werden, in dem der Kanal verbreitert bzw. vertieft, d. h. das Aspektverhältnis erhöht, oder der Mischer langsamer durchströmt wird. Durch Mäanderstrukturen lässt sich zum einen eine längere Mischstrecke auf einer verhältnismäßig kleinen Fläche unterbringen, zum anderen wird die Durchmischung durch die häufigen Richtungswechsel der Strömung verbessert, so dass die Strecke auch auf diese Weise verkürzt werden kann.

**Staggered Herringbone Mixer.** Einen Ansatz für ein deutlich effizienteres passives Mischen stellte ABRAHAM STROOCK vor [35]. Der sogenannte Staggered Herringbone Mixer (SHM, auf Deutsch etwa Mischer mit versetztem Fischgrätenmuster) ist in Abb. 2.6 dargestellt. Durch schräg angeordnete Vertiefungen im Boden des Kanals wird das Fluid beim Durchströmen in Rotation versetzt. Die dargestellte versetzte Anordnung sorgt dafür, dass sich zwei asymmetrische Zonen ausbilden, in denen das Fluid in jeweils eine andere Richtung rotiert. Die Wirkung entspricht der eines Küchen-Handrührers. Der Wechsel der Abschnitte ist analog zu einem seitlichen Verschieben des Rührers.

Für die Realisierung eines solchen Mischers ist eine mehrstufige Mikrostrukturierung der Kanäle erforderlich. Dies ist bei Verwendung von mehrschichtigem Lötstopplaminat (LSL) bei der Herstellung der Urform bzw. Matrize möglich (siehe Kap. 4.3.2).

Durch dreidimensionale Kanalstrukturen in mehreren Ebenen und aktive Mischer lassen sich ebenfalls kurze Mischwege bzw. -zeiten erreichen [36; 37].

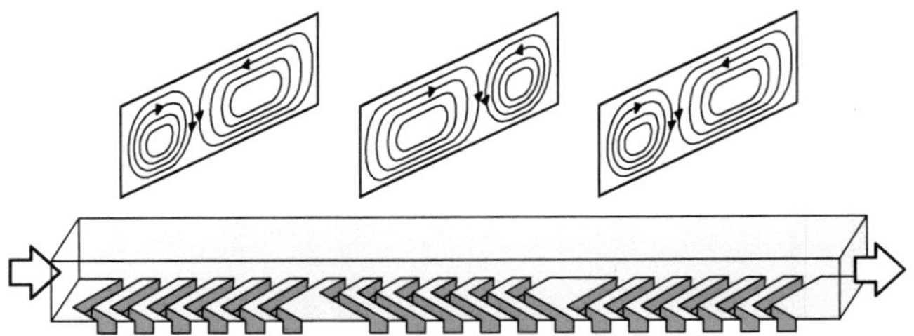

**Abbildung 2.6:** Staggered Herringbone Mixer (SHM) nach [35].

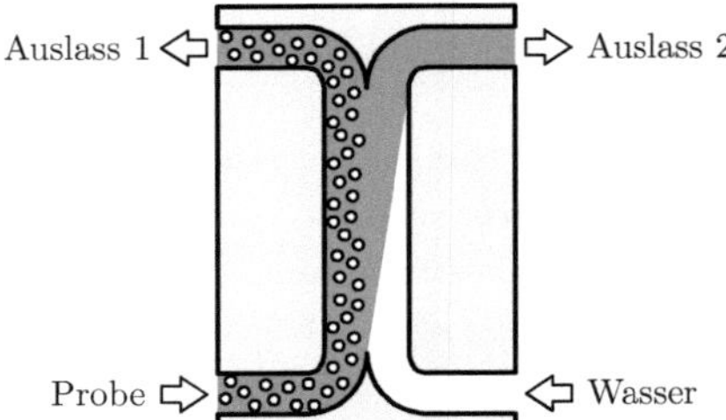


**Abbildung 2.7:** Wirkprinzip eines H-Filters nach [34].

**Filter**

Die Besonderheiten der Mikrofluidik, die beispielsweise das Mischen erschweren, ermöglichen auf der anderen Seite die Realisierung neuartiger Elemente. Der H-Filter nutzt die verschiedenen Diffusionskonstanten der Komponenten eines fluidischen Gemisches, um diese zu trennen (Abb. 2.7) [34].

## 2.2.7 Probleme der Plattformen

Insbesondere die pneumatische, die zentrifugale und die elektrokinetische Plattform ermöglichen die Realisierung neuer bzw. die Miniaturisierung vorhandener, komplexer und flexibel gestaltbarer Abläufe. Zumindest die ersten beiden genannten Plattformen benötigen dafür keine teuren mikrofluidischen Prozessoren, allerdings eine aufwendige und große, daher teure und nicht portable externe Ansteuerung. Die elektrokinetische Plattform benötigt zusätzlich hohe Spannungen.

Mikrofluidische Prozessoren auf Basis stimuli-sensitiver Hydrogele erlauben dagegen eine vollständige und trotzdem kostengünstige Integration der Aktorik und benötigen keine aufwendige externe Ansteuerung. Damit haben sie das Potenzial, komplexe mikrofluidische Anwendungen auch im POCT-Bereich, d. h. außerhalb spezialisierter und teuer ausgestatteter Labore, in einem weiten Bereich verfügbar zu machen.

## 2.3 Hydrogele als Aktorelemente

TOYOICHI TANAKA stellte anhand von kugelförmigen Gelen bereits 1979 den grundlegenden Zusammenhang zwischen Quellgeschwindigkeit und Radius im vollständig gequollenen Zustand $r_Q$ fest, wobei $\tau$ die Zeitkonstante des exponentiellen Quell- bzw. Entquellverlaufs ist [38]:

$$\tau \sim \frac{r_Q{}^2}{D_{\text{coop}}}.$$ (2.3)

Die Zeitkonstante und damit die Quelldauer nimmt also proportional zum Quadrat des Radius des Gelkörpers zu, der die kleinste charakteristische Dimension der Kugel darstellt. Der (indirekte) Proportionalitätsfaktor ist der kooperative Diffusionskoeffizient $D_{\text{coop}}$ der Kettensegmente des polymeren Netzwerks im Quellmittel und kann beispielsweise durch die dynamische Lichtstreuung ermittelt werden [39].

Aufgrund des dargestellten Zusammenhangs zwischen der Größe des Gels und seiner Quellgeschwindigkeit bietet sich der Einsatz der Hydrogele insbesondere für zwei Einsatzfelder an: zum einen für Mikroaktoren, da in diesem Größenbereich akzeptable Reaktionszeiten zu erwarten sind, zum anderen für großvolumige, langsame Aktoren.

### 2.3.1 Großvolumige Aktoren

Ein solcher Einsatzzweck ist beispielsweise die Verwendung als Lagerungsaktoren in Anti-Dekubitus-Matratzen [40–42]. Bei diesen werden temperatursensitive Hydrogele eingesetzt, so dass bei einer durch (starken) Körperkontakt verursachten Erwärmung ein Entquellen erfolgt. Damit wird die betreffende Körperstelle entlastet und so die Gefahr der Entstehung von Wundliegegeschwüren effektiv vermindert. Der Prozess ist reversibel, da die Temperatur nach dem Entquellen und Entlasten wieder absinkt.

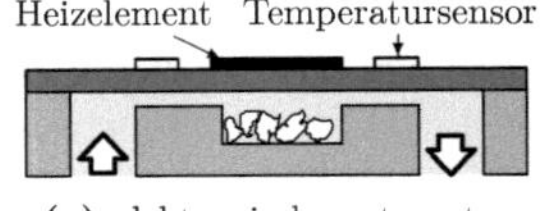
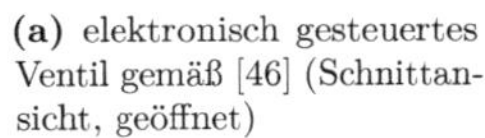
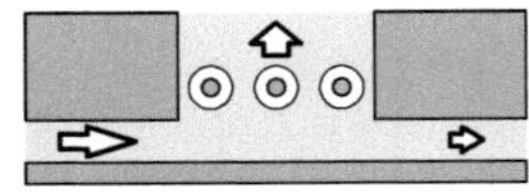
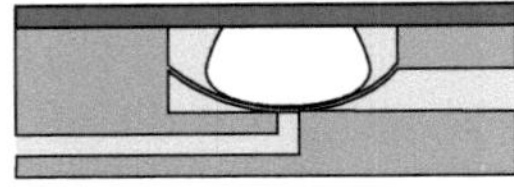



**(a)** elektronisch gesteuertes Ventil gemäß [46] (Schnittansicht, geöffnet)

**(b)** autonomes Ventil gemäß [53] (Aufsicht, geöffnet)

**(c)** autonomes Ventil gemäß [54] (Schnittansicht, geschlossen)

**Abbildung 2.8:** Mikroventile.

Auch in einer Medikamentenpumpe wird das langsame Quellen eines Gels genutzt, um ein Medikament über einen längeren Zeitraum kontinuierlich zu injizieren [43].

## 2.3.2 Hydrogelaktoren in der Mikrofluidik

Hydrogele bieten sich besonders für den Einsatz in der Mikrofluidik an, da dort zum einen sehr kleine, integrierbare Aktoren benötigt werden und zum anderen das benötigte Quellmittel in Form von Wasser oder wässriger Medien sowieso zur Verfügung steht oder mit vergleichsweise geringem Aufwand bereitgestellt werden kann.

### Mikroventile und Chemostate

Ventile regeln den Durchfluss von Fluiden. Mikroventile auf Basis von Hydrogelen öffnen und schließen durch Entquellen und Quellen des Gels. Der Quellvorgang wird entsprechend der vorliegenden Sensitivitäten des eingesetzten Gels gesteuert.

Ventile auf Basis temperatursensitiver Hydrogele mit LCST-Verhalten (siehe Kap. 3.2) können als Schließer- (normally open, NO) und Öffnerventile (normally closed, NC) arbeiten. Meist wird der Durchfluss im gequollenen Zustand, d. h. unterhalb der unteren kritischen Lösungstemperatur (LCST), gesperrt (NC). Es ist auch möglich, durch Bewegen eines Ventilsitzes ein Schließerventil zu realisieren (NO) [14; 44].

Meist kommt in den thermisch gesteuerten Mikroventilen Poly($N$-Isopropylacrylamid) (PNIPAAm) als Aktormaterial zum Einsatz [45–50]. Neben thermisch angesteuerten Ventilen wurden auch Ventile realisiert, die durch Licht gesteuert werden [51; 52].

Abb. 2.8a zeigt ein elektrothermisch gesteuertes Mikroventil. Es wurde mittels Mikrostrukturierung und Dünnschichtverfahren in Silizium gefertigt. Die Hydrogelpartikel

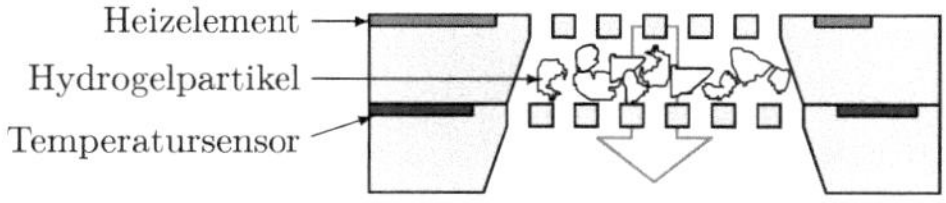

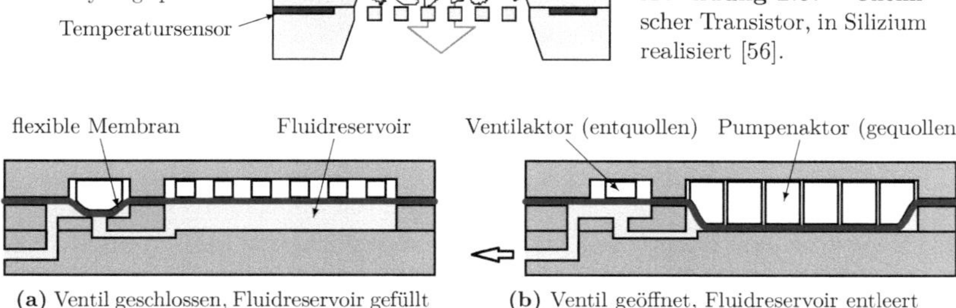


**Abbildung 2.9:** Chemischer Transistor, in Silizium realisiert [56].

**(a)** Ventil geschlossen, Fluidreservoir gefüllt

**(b)** Ventil geöffnet, Fluidreservoir entleert

**Abbildung 2.10:** Mikro-Dispenser gemäß [57].

befinden sich in einer Kammer, so dass sie im geqollenen Zustand einen Kanal verschließen und im entquollenen freigeben. Der Temperatursensor erlaubt die Regelung der Temperatur. Auch der in Abb. 2.9 gezeigte chemische Transistor lässt sich als Ventil betreiben, indem die Öffnungs- und Schließtemperaturen so eingestellt werden, dass sie außerhalb des Schaltbereiches des Hydrogels liegen.

Durch Kombination der intrinsischen Sensor- und Aktoreigenschaften lassen sich Sensor-Aktor-Systeme wie autonome Ventile bzw. Chemostate (Abb. 2.8b und Abb. 2.8c, [44; 53–55]) und sogenannte chemische Transistoren (Abb. 2.9, [56]) realisieren. Chemostate agieren hilfsenergiefrei, mit ihnen lassen sich bestimmte chemische Stoffeigenschaften autonom einstellen. Dabei wird die Sensitivität des Hydrogelaktors hinsichtlich dieser Eigenschaften ausgenutzt: bei Überschreiten einer Grenzkonzentration des Quellmediums schließt bzw. öffnet der Gelaktor reversibel. Da der Phasenübergang fließend in einem Konzentrationsbereich erfolgt, lässt sich die einzustellende Konzentration beispielsweise mechanisch justieren [44]. Wird die Einstellung dagegen elektrothermisch durch das Einstellen einer Temperatur vorgenommen, spricht man von einem chemischen Transistor. Dabei werden gezielt Quersensitivitäten ausgenutzt.

## Mikropumpen bzw. Druckquellen

Mit Gelen lassen sich auch Druckquellen realisieren. Im in Abb. 2.10 dargestellten Mikro-Dispenser von DAVID BEEBE et al. trennt eine Membran die Hydrogelaktoren von der Prozessflüssigkeit. Durch Quellen der Aktoren wird die Membran ausgelenkt und ein Druck aufgebaut. Ist das Ventil während des Quellens der Pumpenaktoren

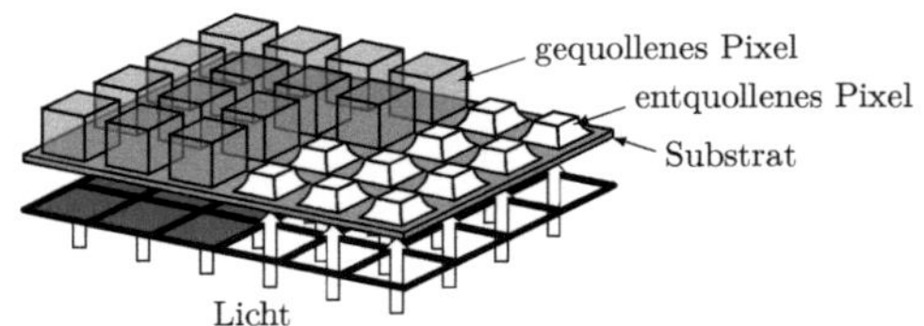


**Abbildung 2.11:** Funktionsprinzip des hochaufgelösten taktilen Display nach [58].

geöffnet, wird ein durchschnittlicher Volumenstrom von 2 µl/min erreicht, erfolgt das Öffnen erst nach dem Quellvorgang, erhöht sich der Volumenstrom auf 540 µl/min. Die pH-sensitiven Gelaktoren wurden durch Fotopolymerisation hergestellt und das Quellen und Entquellen durch Austausch des Quellmediums (verschiedene Pufferlösungen) ausgelöst. [57]

### 2.3.3 Weitere Anwendungen

Die gute Miniaturisier- und Integrierbarkeit der Hydrogele ermöglicht das Herstellen hochintegrierter Schaltkreise, z. B. in Form taktiler Displays mit Tausenden aktiver Elemente. Bei diesen Displays erfolgt die Ansteuerung der einzelnen Pixel mittels eines Projektors, dessen Licht in einem schwarzen Substrat in Wärme umgewandelt wird (Abb. 2.11). So konnte ein frei steuerbares Array aus 4225 Aktoren auf einer Fläche von $37{,}7 \times 37{,}7\,\text{mm}^2$ realisiert werden. [58]

Stimuli-sensitive Hydrogele bieten vielfältige Funktionen, neben der Anwendung als Aktoren bietet sich ihr Einsatz in der Sensorik an [59; 60]. So wurden Hydrogele für pH- [61; 62], Antigen- [63] und Glukose-Sensoren [64] verwendet.

Die letzte hier aufgeführte Anwendung sind dynamisch einstellbare Mikrolinsenarrays. Solch ein Array wurde auf Basis eines PNIPAAm-Copolymers hergestellt, bei dem u. a. der Fokus mittels Temperatur oder pH-Wert eingestellt werden kann. [65]

Die Kombination verschiedener vorgestellter Technologien eröffnet neue Perspektiven. Durch die Integration einer Vielzahl mikrofluidischer Elemente in einem Gerät kann ein mikrofluidischer Prozessor realisiert werden. Solch ein Prozessor zeichnet sich neben dem hohen Integrationsgrad durch die Fähigkeit aus, selbständig viele verschiedene Verarbeitungsschritte an kleinsten Flüssigkeitsmengen durchzuführen.

# 3 Hydrogelaktoren

## 3.1 Polymere Netzwerke - Hydrogele

Polymere sind Makromoleküle und bestehen aus einer Vielzahl verketteter Monomereinheiten.

Solange das Polymer aus einzelnen Ketten besteht, zeigt es in der Regel thermoplastisches Verhalten, d. h. es wird oberhalb seiner Glastemperatur verformbar. Dabei verändern die einzelnen Ketten ihre Lage zueinander und behalten diese nach dem Abkühlen bei. Somit behält auch der polymere Werkstoff die neue Form.

Die Polymerketten können linear oder verzweigt sein. Gehen die Polymerketten Verbindungen untereinander ein, d. h. werden vernetzt, bilden sie ein einziges Makromolekül, ein dreidimensionales polymeres Netzwerk. Vernetzte Polymere zeigen im Gegensatz zu den unvernetzten kein thermoplastisches Verhalten, da die Netzketten ihre relative Lage aufgrund der Verknüpfung untereinander nur noch begrenzt ändern können. Dies äußert sich makroskopisch in elastischem oder duroplastischem Verhalten.

Aufgrund der in der Regel kovalenten Bindungen sind die polymeren (chemischen) Netzwerke im Ganzen prinzipiell nicht löslich. Allerdings zeigen die Netzketten auch im Netzwerk ein der Löslichkeit entsprechendes Verhalten. Im Makroskopischen wirkt sich dieses in der Form aus, dass das Netzwerk unter Volumen- und Massenzunahme Lösungsmittel aufnehmen kann. Dabei ändern sich auch andere Eigenschaften wie seine Härte und Transparenz. Der Prozess der Lösungsmittelaufnahme wird als Quellen bezeichnet, das Lösungsmittel als Quellmittel und das Netzwerk als Gel. Ist das Quellmittel Wasser, spricht man von Hydrogelen.

Einige Hydrogele können ein Vielfaches ihres eigenen Volumens an Wasser aufnehmen. So sind Hydrogele laut International Union of Pure and Applied Chemistry (IUPAC) als Superabsorber zu bezeichnen, wenn sie in der Lage sind, mindestens das tausendfache ihrer eigenen Masse an Quellmittel aufzunehmen [66]. Superabsorber werden beispielsweise in Babywindeln und anderen Hygieneprodukten eingesetzt, um Flüssigkeiten aufzunehmen und ein Auslaufen zu verhindern.

Prinzipiell sind gequollene Hydrogele transparent, allerdings können Inhomogenitäten im Netzwerk Streuzentren bilden, die zur Trübung des Gels führen. Sehr inhomogene Gele sind entsprechend opak. Die Transparenz der Gele ist also ein Hinweis auf ihre Homogenität. Die Inhomogenitäten werden durch Netzwerkfehler wie Verschlaufungen, lose Kettenenden und Ringe sowie sehr unterschiedlich lange Kettensegmente verursacht. Sie verschlechtern das aktorische Verhalten der Gele, da die Netzketten in ihrer Beweglichkeit stark eingeschränkt werden.

Zur Beschreibung des Quellprozesses ist es nötig, die verschiedenen im Gel wirkenden Einflüsse zu betrachten. Im geqollenen Gel arbeiten zwei Effekte gegeneinander: der durch das Quellmittel verursachte osmotische Druck, der das Netzwerk aufzuweiten sucht, und die elastischen Rückstellkräfte der Polymerketten, die dagegen arbeiten. Überwiegt der osmotische Druck, versucht das Netzwerk zu quellen und ein Quellungsdruck $\pi_Q$ wird ausgeübt.

Gequollene Hydrogele lassen sich als System aus (polymerem) Netzwerk und Lösungs- bzw. Quellmittel auffassen. Dabei kann das Lösungsmittel in zwei Phasen vorliegen, nämlich einerseits in Wechselwirkung mit dem Netzwerk (die Polymerketten „befinden sich in Lösung"), andererseits rein und damit wechselwirkungsfrei. Zur quantitativen Beschreibung der genannten Effekte eignet sich das chemische Potenzial. Das chemische Potenzial eines Stoffes charakterisiert seine Fähigkeit zu chemischen Reaktionen, Phasenübergängen und zur Umverteilung im Raum. Die Differenz der chemischen Potenziale dieser beiden Phasen $\Delta\mu_A$ beschreibt somit die Fähigkeit und das Bestreben des Lösungsmittels, in oder nicht in Wechselwirkung mit dem Netzwerk zu treten und damit auch, in dieses hinein- oder aus diesem herauszudiffundieren. Makroskopisch äußert sich dies als Quellen und Entquellen des Hydrogels. Der Quellungsdruck hängt dabei direkt vom chemischen Potenzial ab:

$$\pi_Q = -\frac{\Delta\mu_A}{V_A}. \tag{3.1}$$

Die chemische Potenzialdifferenz des Lösungsmittels setzt sich aus dem entropischen (Mischungs-)Anteil $\Delta\mu_{A,m}$ und dem auf den Rückstellkräften der Netzketten beruhenden elastischen Anteil $\Delta\mu_{A,el}$ zusammen. Die Potenzialdifferenz in Abhängigkeit vom Quellungsgrad $Q$ bzw. Polymerkonzentration $\phi_B = 1/Q$ wird durch die FLORY-REHNER-Gleichung beschrieben: [67]

$$\Delta\mu_A = \Delta\mu_{A,m} + \Delta\mu_{A,el} = RT\cdot\left[\ln(1-\phi_B) + \phi_B + \chi\phi_B{}^2 + \frac{\rho_B}{M_c}V_A \cdot \left(A\eta\phi_B{}^{\frac{1}{3}} - B\phi_B\right)\right] .\tag{3.2}$$

Das System befindet sich im (Quellungs-)Gleichgewicht, wenn $\Delta\mu_A = 0$ ist.

Der Term $RT\cdot[\ln(1-\phi_B) + \phi_B + \chi\phi_B{}^2]$ repräsentiert den mischungsentropischen Anteil gemäß der FLORY-HUGGINS-Theorie. Der HUGGINSsche Wechselwirkungsparameter $\chi$ quantifiziert die Güte des Quellmittels für das polymere Netzwerk, also die Stärke der Wechselwirkungen zwischen ihnen.

Der übrige Term stammt aus der Gummielastizitätstheorie. Hierbei sind $\rho_B$ die Dichte des ungequollenen Netzwerks, $M_c$ die Netzkettenmolmasse und $V_A$ das Molvolumen des Lösungsmittels. Durch den Mikrostrukturfaktor $A$ und den Volumenfaktor $B$ werden das Deformationsverhalten und die Funktionalität des Netzwerks einbezogen, der memory-Term $\eta$ spiegelt die Bedingungen bei der Vernetzungsreaktion wider.

Die FLORY-REHNER-Gleichung lässt sich durch Einbeziehung weiterer Terme generalisieren. Solche Terme können beispielsweise von Ionen verursachte elektrostatische Beiträge oder Beiträge der Umgebung in die Bilanz einbeziehen. [68]

## 3.2 Stimuli-Sensitivität

Manche Polymere reagieren schon auf kleine Änderungen ihrer Umgebungsbedingungen mit einem Phasenübergang. Diese Polymere werden als stimuli-sensitiv, manchmal auch „smart" oder „intelligent" bezeichnet, wobei „stimuli-sensitiv" die treffendste Bezeichnung sein dürfte. Sie befinden sich in einem kritischen Gleichgewichtszustand von Polymer-Polymer- und Polymer-Lösungsmittel-Wechselwirkungen. Diese Wechselwirkungen sind inter- und intramolekular, zu ihnen gehören elektrostatische und hydrophobe Wechselwirkungen sowie van-der-Waals-Kräfte und Wasserstoffbrückenbindungen.

Die erwähnten geringen Änderungen von Umgebungsgrößen können einen Umschlag
des Wechselwirkungsgleichgewichts verursachen, der sich bei Hydrogelen in einem Volumenphasenübergang zeigt. Zu den Umgebungsbedingen, die einen Umschlag auslösen
können, gehören der pH-Wert, bestimmte Stoff- oder Ionenkonzentrationen, elektrische
und magnetische Felder, Licht und die Temperatur, wobei die pH-Abhängigkeit ein
Sonderfall der Abhängigkeit von Ionenkonzentrationen ist. Die stimuli-sensitiven Polymere reagieren in der Regel nicht auf alle diese Änderungen, sondern nur auf bestimmte.
Somit unterscheidet man beispielsweise Thermo- bzw. Temperatur-, pH- und Stoffsen-
sitivitäten. Der Umschlag ist physikalisch vergleichbar mit anderen Phasenübergängen
wie Aggregatzustandsänderungen, drückt sich in einer Phasenseparation aus und ist
reversibel. [60; 69].

Bei stimuli-sensitiven Hydrogelen bzw. den zugrunde liegenden Polymeren ist die
Ursache für den Volumenphasenübergang ein Wechsel zwischen Hydrophilie und Hydrophobie. Während ein unvernetztes, fadenförmiges Polymer im hydrophilen Zustand
im Lösungsmittel Wasser (bzw. in wässrigen Lösungen) gelöst ist, wird es durch den
Wechsel zur Hydrophobie unlöslich und fällt aus, d. h. die Lösung separiert in die beiden
Phasen Polymer und Lösungsmittel. Dabei lässt sich in hochverdünnten Lösungen
ein starkes Abnehmen des Fadenendenabstands beobachten, d. h. die Polymerketten
knäulen sich zusammen (Abb. 3.1) [70].

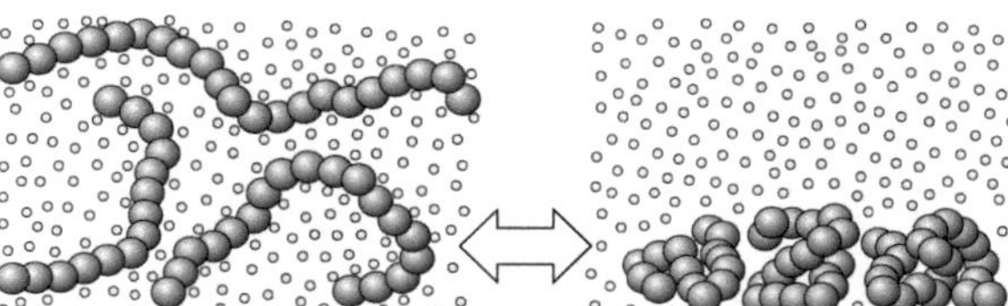

**Abbildung 3.1:** Verknäulen stimuli-sensitiver fadenförmiger Polymermoleküle.

Im Hydrogel findet beim Wechsel vom hydrophilen in den hydrophoben Zustand
ebenfalls eine Phasenseparation statt. Auch dabei kontrahieren die Polymerketten,
wobei das Wasser – soweit möglich – an die Umgebung abgegeben wird. Dabei kollabiert
das Gel, Volumen und Masse des Gelkörpers nehmen ab. Dieser Prozess wird als
Entquellen bezeichnet (Abb. 3.2). Gleichzeitig bilden sich im Netzwerk durch die
Phasenseparation viele Streuzentren. Dies äußert sich im Gel durch Änderungen der
optischen Eigenschaften, es verliert seine Transparenz und wird opak.

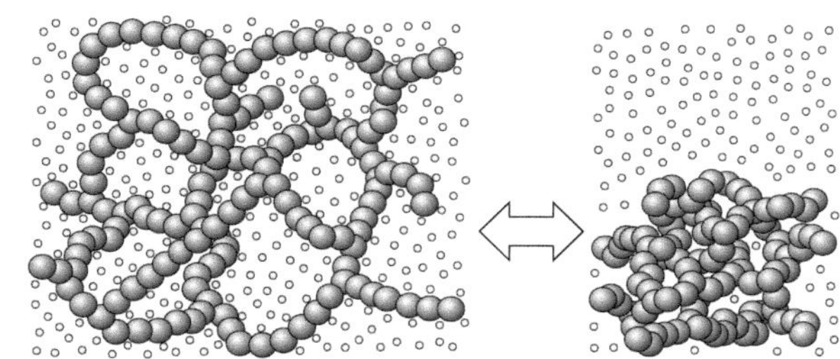

**Abbildung 3.2:** Gequollenes und entquollenes polymeres Netzwerk.

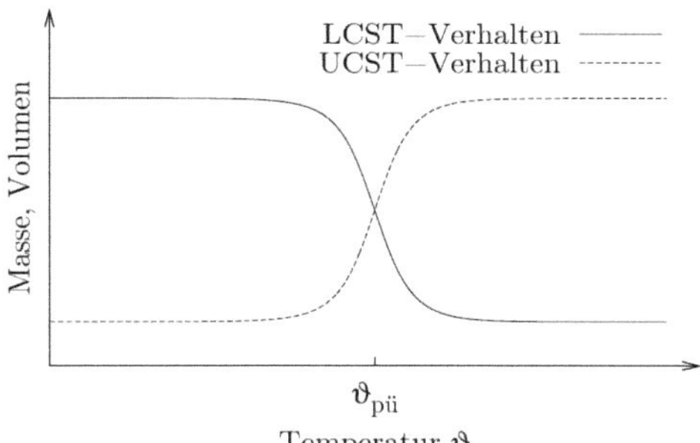



**Abbildung 3.3:** Quellverhalten temperatursensitiver Gele. Die Phasenübergangstemperatur $\vartheta_{\text{PÜ}}$ ist die Temperatur am Wendepunkt des Quellungsgradverlaufs.

Bei der Temperatursensitivität unterscheidet man LCST- und UCST-Verhalten. Zeigt ein Polymer LCST-Verhalten (untere kritischen Lösungstemperatur, Lower Critical Solution Temperature), entmischt es sich im unvernetzten Zustand bei Überschreiten einer bestimmten Temperatur, entsprechend entquillt es als Gel. UCST-Verhalten (obere kritischen Lösungstemperatur, Upper Critical Solution Temperature) heißt dagegen, dass das Gel oberhalb dieser Temperatur quillt und darunter entquillt (Abb. 3.3).

Der Volumenphasenübergang verläuft nicht schlagartig bei einer bestimmten Temperatur, sondern geschieht über einen kleinen Temperaturbereich. Die Temperatur am Wendepunkt dieses Verlaufs des Masse- bzw. Volumenquellungsgrads wird als Phasenübergangstemperatur $\vartheta_{\text{PÜ}}$ oder LCST bzw. UCST bezeichnet. Im Zusammenhang mit Gelen ist die Verwendung von LCST und UCST als Temperatur streng genommen nicht korrekt, da es sich hierbei um nicht-lösliche Netzwerke handelt. Da das Entquellverhalten der stimuli-sensitiven Gele die gleichen Ursachen wie das Entmischen der entsprechenden löslichen Polymere hat, haben sich diese Begriffe jedoch auch in diesem Zusammenhang teilweise durchgesetzt. [69; 71]

Um möglichst homogene Gele zu erhalten, wird die Synthese in der Regel im löslichen bzw. gequollenen Zustand durchgeführt. Die Polymerketten knäulen sich weniger und bilden somit ein homogeneres Netzwerk.

## 3.3 Das Polymer Poly(*N*-Isopropylacrylamid)

Das wichtigste für aktorische und sensorische Anwendungen genutzte Hydrogel ist PNIPAAm. Dessen und die Struktur des Monomers $N$-Isopropylacrylamid (NIPAAm) sind in Abb. 3.4 dargestellt.

**Abbildung 3.4:** Chemische Struktur von NIPAAm (links) und PNIPAAm (rechts) [72].

PNIPAAm zeigt LCST-Verhalten, als Hydrogel entquillt es somit bei Überschreiten seiner Phasenübergangstemperatur $\vartheta_{P\ddot{U}}$. Diese ist abhängig von seiner Mikrostruktur und liegt in Wasser zwischen ca. $(30\ldots35)\,°C$ [72], der Temperaturbereich des Phasenübergangs ist ca. 6 K breit [58]. Damit bietet es als Aktormaterial mehrere Vorteile:

- Eignung für biologische Prozesse, die bei Temperaturen in der Nähe der menschlichen Körpertemperatur von $37\,°C$ ablaufen

- geringer Energieverbrauch bei Einsatz bei Raumtemperatur, da das Aktormaterial zum Entquellen wenig erwärmt werden muss und bei Abkühlung auf Raumtemperatur wieder quillt

In Abb. 3.5 ist der Volumenphasenübergang eines PNIPAAm-Hydrogels dargestellt.

Durch Zusatz von beispielsweise Alkoholen oder Salzen zum Quellmittel Wasser verändert sich die Lage des Phasenübergangsbereichs. Dies kann bei Nichtbeachtung oder bei unbekannter Zusammensetzung des Quellmittels die Funktion des Hydrogelaktors

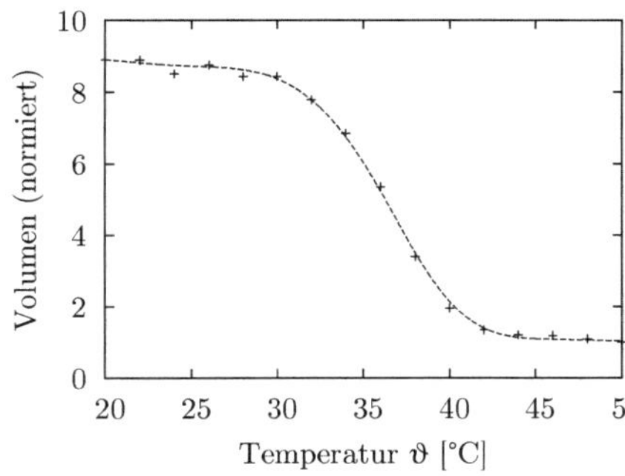

**Abbildung 3.5:** Verlauf der Quellung eines sphärischen PNIPAAm-Hydrogels. Es wird das Volumen in Abhängigkeit von der Temperatur sphärischer Hydrogele gezeigt, deren Herstellung in Kap. 3.6 beschrieben ist ($\beta$(NIPAAm) = 80 g/l, $\omega$(BIS) = 4 % gemäß Tab. 3.6). Normiert wurde auf das Volumen des entquollenen Gels.

beeinträchtigen, erschließt aber auch neue Anwendungen. So wurde beispielsweise ein Chemostat auf Basis von PNIPAAm realisiert, der die Multi- bzw. Quersensitivität ausnutzt [56].

Die Synthese von PNIPAAm stellt vergleichsweise geringe Ansprüche und ist auf verschiedene Arten möglich, von denen einige in den folgenden Abschnitten vorgestellt werden. Allen diesen Verfahren ist gemein, dass eine radikalische vernetzende Polymerisation stattfindet. Sie unterscheiden sich aus chemischer Sicht lediglich in der Art der Initiierung, d. h. der Generierung der freien Radikale, bzw. der Art der Vernetzung.

Der in den Reaktionslösungen gelöste Luftsauerstoff muss entfernt werden, da er aufgrund seiner biradikalischen Struktur die radikalische Polymerisation einerseits initiieren und anderseits verhindern kann und somit keine Wiederholbarkeit gewährleistet ist [73]. Zum Austreiben des Sauerstoffs ist die Reaktionslösung beispielsweise mit Argon zu spülen.

Vor der Synthese wird das Monomer NIPAAm generell durch Umkristallisieren in einer n-Hexan-Lösung gereinigt.

## 3.3.1 Thermisch initiierte Synthese

Bei der thermisch initiierten radikalischen vernetzenden Polymerisation wird eine Reaktionslösung aus dem Monomer NIPAAm, dem Vernetzer *N,N'*-Methylenbisacrylamid (BIS) und einem Redox-Initiatorsystem aus dem Katalysator Kaliumperoxodisulfat (KPS) und dem Beschleuniger *N,N,N',N'*-Tetramethylethylendiamin (TEMED) verwendet. Deren chemische Strukturen zeigt Abb. 3.6.

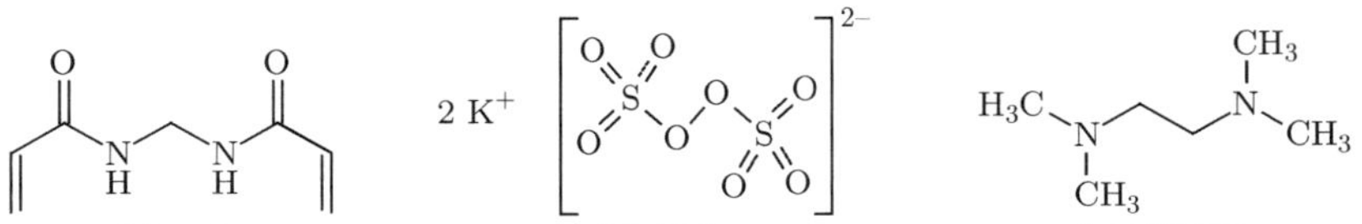

(a) BIS

(b) KPS

(c) TEMED

**Abbildung 3.6:** Chemische Struktur von BIS, KPS und TEMED.

Die Verwendung des Redox-Systems aus KPS und TEMED ermöglicht das Einleiten der Reaktion unterhalb der Phasenübergangstemperatur von PNIPAAm und damit im gelösten bzw. gequollenen Zustand.

Das BIS besitzt zwei Doppelbindungen und kann somit Verzweigungspunkte in den PNIPAAm-Ketten bilden, indem es anstelle einer NIPAAm-Einheit in der Kette eingebunden wird. Durch weitere Verzweigungen bzw. der Rekombination mehrerer aktiver Ketten- bzw. Zweigenden erfolgt die Netzwerkbildung.

**Synthese**

Tab. 3.1 zeigt die Zusammensetzung der Reaktionslösung. Bis auf das TEMED werden die Ausgangsstoffe im Wasser durch bis zu dreistündiges Rühren in Lösung gebracht. Mittels zehnminütigem Spülen mit Argon 5.0 wird der Sauerstoff aus der Lösung getrieben. Direkt nach Zugabe und Einmischen des TEMED beginnt die Polymerisation. Die Reaktionslösung ist aus diesem Grund sofort in das Reaktionsgefäß zu geben. Die Verwendung einer Argonglocke vermeidet unerwünschten Sauerstoffkontakt. Die Synthese erfolgt bei Raumtemperatur.

## 3.3.2 Fotopolymerisation

Die Polymerisation kann alternativ fotochemisch erfolgen. Dabei initiiert anstelle der Temperatur die Bestrahlung mit UV-Licht die freie radikalische Polymerisation. Als Fotoinitiator wird 2-Hydroxy-4'-(2-hydroxyethoxy)-2-methylpropiophenon (Irgacure® 2959) eingesetzt, dessen chemische Struktur in Abb. 3.7 dargestellt ist. Dieser Fotoinitiator hat sein Absorptionsmaximum bei ca. 350 nm und zerfällt bei entsprechender Bestrahlung in zwei Radikale, welche die Polymerisation starten.

**Tabelle 3.1:** Edukte der Synthese von PNIPAAm-Gelen mittels thermisch initiierter vernetzender Polymerisation.

| Stoff | Bezugsquelle | Reinheit | Ansatz 300 ml | Anteil |
|---|---|---|---|---|
| $H_2O$ | | (entionisiert) | 300 ml | |
| NIPAAm | Acros | 99 % [a] | 18 g | $c$=0,53 mol/l [b] |
| BIS | Sigma Aldrich | 99 % | 980 mg | $c$=21,2 mmol/l [b] |
| KPS | Sigma Aldrich | $\geq$ 99 % | 129 mg | $c$=1,6 mmol/l [b] |
| TEMED | Merck | $\geq$ 99 % | 200 µl ($\hat{=}$156 mg) | $\omega$=0,86 % [c] |

[a] umkristallisiert in n-Hexan
[b] bezogen auf das Volumen des Lösungsmittels $H_2O$
[c] bezogen auf die Masse des Monomers NIPAAm

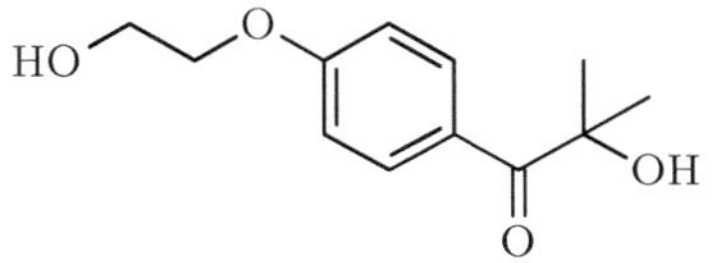

**Abbildung 3.7:** Chemische Struktur von Irgacure® 2959.

Zusätzlich zur Formgebung durch Herstellung der Gele in entsprechenden Gefäßen oder nachträgliche Verarbeitung ermöglicht die Fotopolymerisation eine lithografische Strukturierung. Hierbei wird die UV-Bestrahlung der Bereiche der Monomerlösung, die nicht polymerisiert werden sollen, mittels einer Fotomaske unterbunden. Damit entspricht das Verhalten dem eines Negativlacks. Nach dem Entfernen der Monomerlösung erhält man Hydrogelstrukturen entsprechend der Maske.

Die Fotopolymerisation kann sowohl *in situ* als auch *in vitro* stattfinden. Die Herstellung *in situ* setzt voraus, dass die Hohlräume, in denen das Hydrogel hergestellt werden soll, bestrahlt werden können. Dies wiederum bedingt, dass Materialien verwendet werden, die im für den Fotoinitiator benötigten Wellenlängenbereich ausreichend durchlässig sind.

Besonders interessant ist die Kombination von Polymerisation *in situ* und fotolithografischer Strukturierung. Auf diese Weise können die Aktoren in definierter Form direkt an ihrem späteren Einsatzort parallel in einem Arbeitsgang erzeugt werden.

Die Belichtungsdauer beeinflusst die Qualität der erhaltenen Hydrogelstrukturen. Sie hängt maßgeblich von der Lampencharakteristik, dem Volumen bzw. der Höhe des

**Tabelle 3.2:** Edukte der fotochemischen Synthese von PNIPAAm.

| Stoff | Bezugsquelle | Reinheit | Ansatz 14 ml | Anteil |
|---|---|---|---|---|
| $H_2O$ | | (entionisiert) | 14 ml | |
| NIPAAm | Acros | 99 %, umkristallisiert | 2 g | $\beta$=143 g/l [1] |
| BIS | Sigma Aldrich | 99 % | 40 mg | $\omega$=2 % [2] |
| Irgacure® 2959 | Sigma Aldrich | 98 % | 40 mg | $\omega$=2 % [2] |

[1] bezogen auf das Volumen des Lösungsmittels $H_2O$
[2] bezogen auf die Masse des Monomers NIPAAm

herzustellenden Gels und dem Aufbau des Reaktionsgefäßes – also im Falle der Polymerisation *in situ* der mikrofluidischen Strukturen – ab. Somit muss in der Regel das Optimum jeweils neu bestimmt werden. Wird der Belichtungsvorgang zu früh abgeschlossen, sind die Strukturen gar nicht oder nur teilweise vernetzt und nicht verwendbar. Erfolgt die Belichtung zu lange, kann es durch Streueffekte und Diffusion der freien Radikale zur Vergelung auch in unerwünschten Bereichen kommen. Des Weiteren erhöht sich aufgrund des Wärmeeintrags durch die Bestrahlung die Wahrscheinlichkeit, dass die LCST während der Polymerisation überschritten und ein sehr inhomogenes Netzwerk erhalten wird.

### Synthese

Die Reaktionslösung, deren Bestandteile in Tab. 3.2 aufgeführt sind, wird lichtgeschützt für bis zu 3 h gerührt, bis keine ungelösten Feststoffe mehr zu erkennen sind. Danach ist die Lösung 10 min mit Argon 5.0 zu spülen, um den in Lösung befindlichen Sauerstoff auszutreiben.

Das prinzipielle Vorgehen für eine Fotopolymerisation *in situ* ist in Abb. 3.8 dargestellt. Aufgrund des LCST-Verhaltens des NIPAAm ist bei der UV-Belichtung eine Kühlung erforderlich. Als praktikabel erwies sich die Verwendung von Eiswasser, in das der Aufbau aus fluidischer Struktur und Fotomaske (siehe Abb. 3.8) gelegt wird, nachdem die Reaktionsflüssigkeit eingebracht wurde. Damit liegt die Synthesetemperatur bei ca. 0 °C. Es kann ohne Argonglocke gearbeitet werden, da der geschlossene Aufbau ein Eindringen von zu viel Sauerstoff während des Prozesses verhindert.

Die UV-Belichtung erfolgte mittels einer Quecksilberdampflampe von LOT-Oriel mit einer Leistung von 1000 W (Lampe: LSB751 1000 W Hg(Xe) ozon free, Gehäuse: LSH501,

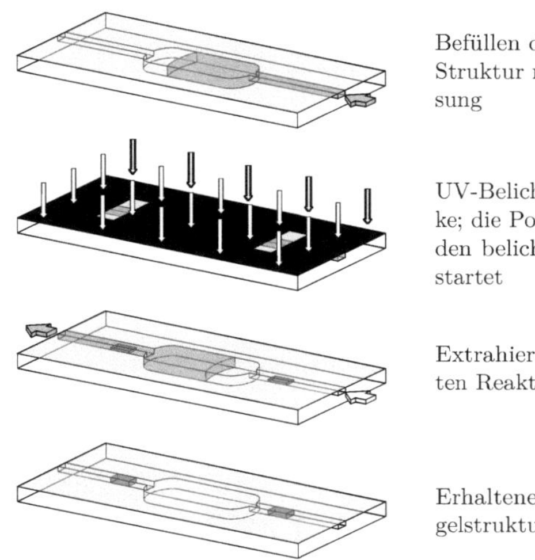



**Abbildung 3.8:** Lithografische Fotopolymerisation *in situ*.

Spannungsversorgung: LSN594). Beste Ergebnisse wurden bei einer Belichtungsdauer zwischen 30 s und 60 s erzielt.

Sofort nach dem Belichten ist die überschüssige Reaktionslösung zu entfernen, da die Polymerisation sonst auch in den nicht belichteten Bereichen stattfindet. Im Falle von PNIPAAm wird dieses durch Erwärmen zum Entquellen gebracht und die Lösung mit warmen Wasser herausgedrückt oder -gesaugt. Längeres Spülen mit warmem Wasser extrahiert verbliebene Monomere und unvernetzte Polymere.

## 3.3.3 Nanokompositgele

Eine weitere Möglichkeit zur Herstellung von PNIPAAm-Hydrogelen wird durch die Verwendung von Schichtsilikaten eröffnet. Dabei agieren die Schichtsilikate als multifunktionelle Vernetzungspunkte, es wird kein organischer Vernetzer wie BIS genutzt. An den Silikaten adsorbieren die PNIPAAm-Ketten physikalisch, wobei die exakten Vorgänge noch nicht endgültig geklärt sind [71].

**Tabelle 3.3:** Edukte der fotochemischen Synthese der PNIPAAm-Nanokompositgele.

| Stoff | Bezugsquelle | Reinheit | Ansatz 15 ml | Anteil |
|---|---|---|---|---|
| $H_2O$ | | (entionisiert) | 15 ml | |
| NIPAAm | Acros | 99 %, umkristallisiert | 1,5 g | $\beta$=100 g/l [1] |
| Laponite®XLS | Rockwood | k. A. | 400 mg | $\omega$=0,27 % [2] |
| Irgacure® 2959 | Sigma Aldrich | 98 % | 80 mg | $\omega$=0,05 % [2] |

[1] bezogen auf das Volumen des Lösungsmittels $H_2O$
[2] bezogen auf die Masse des Monomers NIPAAm

Obwohl es sich somit um ein physikalisches Netzwerk handelt, die Vernetzung also nicht auf kovalenten Bindungen beruht, weisen die Nanokomposit- oder Clay-Gele klassisch vernetzten Gelen gegenüber eine vielfach höhere mechanische Stabilität auf. Als Grund wird von KAZUTOSHI HARAGUCHI et al. angegeben, dass wegen einer deutlich engeren Verteilung der Kettenlängen die bei mechanischer Belastung auftretenden Kräfte von den Netzketten gemeinsam aufgenommen werden. Dagegen werden bei klassischen Gelen mit stark unterschiedlichen Kettenlängen jeweils die kürzesten Netzketten zuerst aufgebrochen, womit das Gel als Ganzes deutlich instabiler ist. Ursache für die enge Netzkettenverteilung ist wiederum, dass deutlich weniger Vernetzungspunkte in das Netzwerk eingebracht werden, die dafür aber jeweils eine Vielzahl von Netzketten anbinden (Multifunktionalität). Dies führt zur Bildung eines Netzwerks, das sehr homogen ist und dem idealen Netzwerk nahe kommt. [74]

**Synthese**

Die Polymerisation kann ebenfalls fotochemisch erfolgen (siehe Kapitel 3.3.2). Dazu sind das Monomer NIPAAm, die Schichtsilikate in Form von Laponite®XLS sowie der Fotoinitiator Irgacure® 2959 bei Raumtemperatur durch ständiges Rühren zu dispergieren bzw. zu lösen. Mittels Spülen mit Argon 5.0 wird der gelöste Sauerstoff aus der Reaktionslösung entfernt. Gute Ergebnisse wurden bei einer Belichtungsdauer von ca. 60 s erzielt. Die verwendeten Mengen sind in Tab. 3.3 dargestellt. Auch hier erfolgt die Synthese in Eiswasser und damit bei ca. 0 °C. [71; 75]

# 3.4 Bulk-Gele

Unter Bulk-Gelen versteht man in Unterscheidung zu Partikeln größere, monolithische Hydrogelkörper. Sie werden in der Regel durch eine thermisch initiierte radikalische vernetzende Polymerisation (siehe Kap. 3.3.1) hergestellt.

Die Synthese kann in Matrizen erfolgen, so dass direkt Formkörper erhalten werden. Die Hohlräume der Matrizen, in denen das Gel synthetisiert wird, definieren die Form des gequollenen Gels, wobei ein eventuell auftretendes Nachquellen zu berücksichtigen ist.

Aufgrund ihres monolithischen Aufbaus muss das Quellmittel beim Quellen und Entquellen über große Entfernungen innerhalb des Gels diffundieren, mindestens die Hälfte der kleinsten Abmessung des Hydrogelkörpers. Da die Quell- und Entquelldauer quadratisch proportional zur Größe des Aktors steigt (vgl. Gl. 2.3 auf Seite 17), wird dieser deutlich langsamer.

Beim Entquellen von Bulk-Gelen kann es zum sogenannten Skin-Effekt kommen. Dabei bildet sich eine Diffusionsbarriere ähnlich einer Haut aus, die ein Entquellen des Gelkörpers behindert. Dies kann sich in Bildung blasenähnlicher Strukturen äußern, wie sie in Abb. 3.9 dargestellt sind.

Der Effekt tritt insbesondere bei bestimmten, beispielsweise schlagartigen, Temperaturänderungen und porösen Gelstrukturen auf. Bei Gelen mit Abmessungen kleiner als 400 µm wurde der Effekt nicht beobachtet. [69; 76]

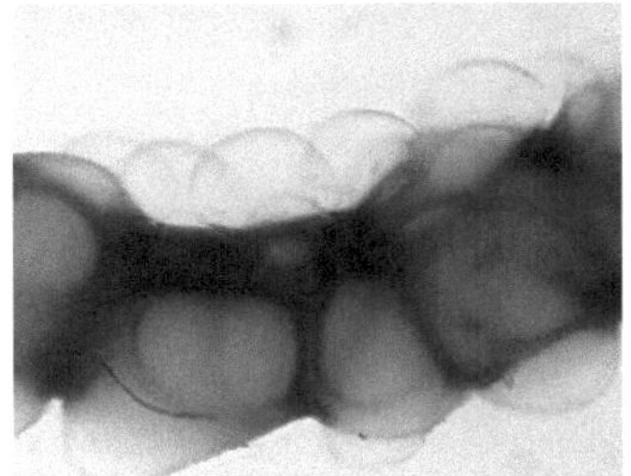

**Abbildung 3.9:** Blasenbildung an einem PNIPAAm-Bulk-Gel bei schlagartigem Temperaturabfall unter die LCST. Die Aufnahme wurde mittels Lichtmikroskop angefertigt und nachgeschärft.

**Abbildung 3.10:** Durch Mahlen in einer Kugelmühle hergestellte Hydrogelpartikel. Die dargestellten Partikel wurden durch Sieben fraktioniert (Fraktion (400 ... 500) µm) und waren nach dem Mahlen noch keinem Quellmittel ausgesetzt.

## 3.5 Gelpartikel

Um die Nachteile der langen Diffusionswege in Bulk-Gelen zu umgehen, wurden von ANDREAS RICHTER et al. Partikel anstelle eines Bulk-Gels als Aktor in Mikroventilen eingesetzt. Es stellte sich heraus, dass eine Verringerung der Partikelgröße nicht automatisch zu schnellerem Verhalten führt. Stattdessen existiert ein Optimum, welches in diesem Fall bei einer Partikelgröße von 450 µm lag. [46]

Eine einfache Methode zur Herstellung solcher Partikel ist das Mahlen eines Bulk-Gels, auch in der oben erwähnten Arbeit wurden sie auf diese Weise hergestellt. Die erhaltenen Partikel weisen eine sehr breite Größenverteilung auf, so dass sie durch Sieben fraktioniert werden. Allerdings haben die gemahlenen Hydrogelpartikel eine unregelmäßige, oft spanförmige Morphologie, wie Abb. 3.10 zeigt. Darüber hinaus lässt die Aufnahme erkennen, dass meist eine Dimension der Abmessungen der Partikel deutlich über der nominellen Größe liegt.

Wird eine ausreichend große Anzahl der Partikel je Aktor verwendet, spielen die Unregelmäßigkeiten keine Rolle, da sie sich statistisch ausgleichen. So werden beispielsweise die in [46] vorgestellten Mikroventile von der Firma GeSiM (Gesellschaft für Silizium-Mikrosysteme mbH) seit Jahren kommerziell hergestellt.

Ist diese Anzahl jedoch gering oder soll gar ein einzelnes Partikel als Aktor verwendet werden, sind die Unregelmäßigkeiten nicht mehr vernachlässigbar, da das Verhalten des Aktors maßgeblich von diesen beeinflusst wird.

Es ist in diesem Fall wünschenswert, Hydrogelpartikel mit definierten geometrischen Eigenschaften zu erzeugen.

# 3.6 Synthese sphärischer Gele

Kugelförmige Hydrogele bieten den Vorteil, dass sie eine definierte Form besitzen und ihre Orientierung keinerlei Rolle spielt. Letzteres ist von Bedeutung, wenn keine feste Bindung zwischen Hydrogel und Substrat besteht und sich die Hydrogelelemente somit im Ganzen bewegen können. Die geometrischen Dimensionen sind allein durch den Durchmesser definiert und dadurch bei gleicher Materialbeschaffenheit auch die entscheidenden aktorischen Eigenschaften. Sollen die kugelförmigen Gele als diskrete Aktoren verwendet werden, muss allerdings beispielsweise bei Ventilen die Form der Aktorkammern angepasst sein.

Es existieren verschiedene Verfahren, sphärische Hydrogele direkt zu synthetisieren. Mit diesen Verfahren lassen sich jeweils Gele verschiedener Größenbereiche herstellen.

## 3.6.1 Mikro- und Minigele

Sogenannte Mikro- und Minigele werden durch vier verschiedene Synthesemethoden erhalten: Emulsions- , Dispersions- , Fällungs- und Suspensionspolymerisation. Die Durchmesser dieser Gele liegen im nm- und unteren µm-Bereich und sind in Tab. 3.4 dargestellt. [77–79]

**Tabelle 3.4:** Erzielbare Größenbereiche verschiedener Synthesemethoden für Mikrogele gemäß [77].

| Synthesemethode | Größenbereich |
|---|---|
| Emulsionspolymerisation | $< 100\,\mathrm{nm} \ldots \approx 1\,\mathrm{\mu m}$ |
| Dispersionspolymerisation | $< 1\,\mathrm{\mu m} \ldots 10\,\mathrm{\mu m}$ |
| Fällungspolymerisation | $\approx 100\,\mathrm{nm} \ldots 10\,\mathrm{\mu m}$ |
| Suspensionspolymerisation | $\approx 10\,\mathrm{\mu m} \ldots > 1\,\mathrm{mm}$ |

Als Aktoren zumindest in den in dieser Arbeit beschriebenen Prozessoren lassen sich die mittels Emulsions-, Dispersions- und Fällungspolymerisation herstellbaren Gele aufgrund ihrer geringen Größe nicht einsetzen, schon allein, weil die Fixierung in den Aktorkammern nicht oder mit sehr großem Aufwand möglich wäre.

Durch Einsatz nicht-ionischer Tenside und Paraffinöl als kontinuierliche Phase bei der Suspensionspolymerisation werden Partikel mit Durchmessern im Bereich von

250 µm bis 2,8 mm erhalten. Diese Hydrogel-Beads sind deutlich besser als Aktoren geeignet. Allerdings sind die Durchmesser sehr breit verteilt, was ein nachträgliches Fraktionieren nötig machen würde. [80]

## 3.6.2 Alginattechnolgie

Auch mithilfe der Alginattechnologie lassen sich sphärische Hydrogele bis in den unteren mm-Bereich erzeugen [81–84]. Wird Alginat in eine Kalziumlösung getropft, bildet es mit den Kalzium-Ionen augenblicklich ein physikalisches Netzwerk [85]. Die erzeugten sphärischen Kalzium-Alginat-Kapseln werden als Templates zur Erzeugung eines interpenetrierenden Netzwerks (IPN) mit PNIPAAm genutzt. Der Alginatanteil des Netzwerks lässt sich beispielsweise mittels Ethylendiamintetraessigsäure (EDTA) wieder auflösen, so dass das gewünschte PNIPAAm-Hydrogel erhalten wird. Die Größenkontrolle gestaltet sich allerdings ebenfalls schwierig; definierte, eng verteilte Durchmesser sind auch mit dieser Technologie kaum zu erhalten [86].

## 3.6.3 Mikrofluidische Herstellung

Die Mikrofluidik eröffnet einen weiteren Weg zur Synthese kugelförmiger Hydrogele. Dazu werden durch koaxiale Fokussierung zweier nicht mischbarer Fluide monodisperse Tropfen erzeugt, in denen dann die simultane Polymerisation und Vernetzung erfolgt. Aufgrund der für die Mikrofluidik typischen laminaren Strömung ohne jegliche Turbulenzen bleiben die Tropfen stabil, so dass die entstehenden Gele die Kugelform beibehalten. Definierte, gleichmäßige Strömungsverhältnisse bei der Tropfenbildung erlauben die Herstellung monodisperser Gele. [87–89]

Abb. 3.11 zeigt eine kapillarmikrofluidische Anordnung nach RHUTESH K. SHAH et al. Sie besteht aus zwei Glaskapillaren eckigen Querschnitts, die durch eine Kapillare mit kreisförmigem Querschnitt verbunden sind. Im linken Teil der Anordnung werden eine wässrige (Monomer-)Lösung und ein Öl von verschiedenen Seiten in die eckige Kapillare gepumpt, so dass sie durch die zylinderförmige Kapillare abfließen. Das Öl fokussiert hierbei die wässrige Lösung und bildet die kontinuierliche Phase, in der die wässrige Lösung aufgrund der Nichtmischbarkeit kugelförmige Tropfen bildet. Die wässrige Lösung bildet somit die disperse Phase. Im rechten Teil der Anordnung wird

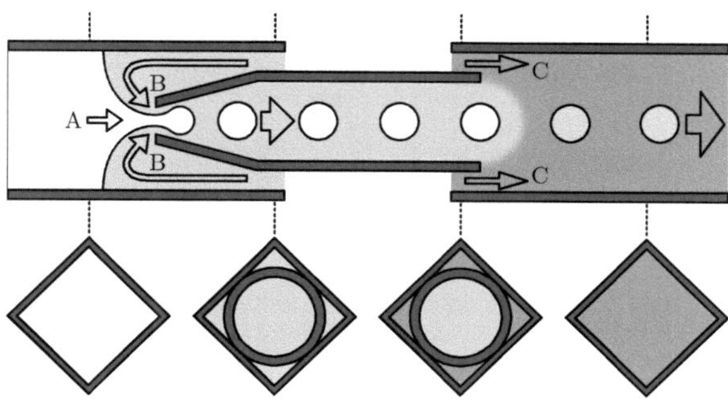

**Abbildung 3.11:** Flussfokussierende Mikrokapillaranordnung zur Tropfenerzeugung nach [88]: A Wässrige Suspension aus Monomer, Vernetzer und Initiator; B Öl; C Öl wie in B mit öl- und wasserlöslichem Beschleuniger. Unten sind Querschnitte der Anordnung dargestellt.

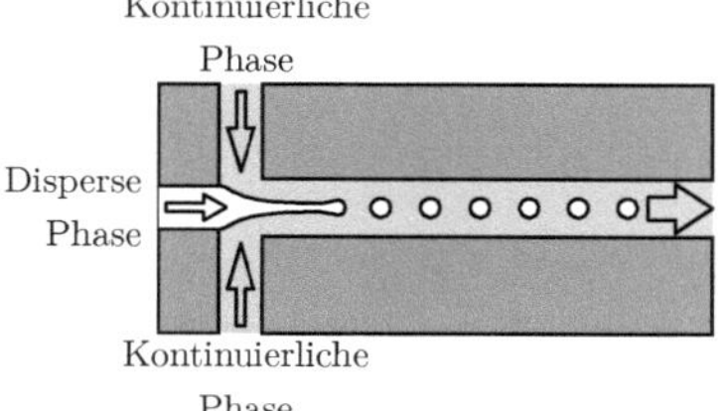



**Abbildung 3.12:** Flussfokussierende Kanäle zur Tropfenerzeugung nach [90].

nochmals Öl zugeführt, das einen öl- und wasserlöslichen Beschleuniger enthält, der in die Tropfen diffundiert und die Polymerisation startet. [88]

Diese Methode lässt sich weiter miniaturisieren bzw. integrieren, wie in Abb. 3.12 dargestellt ist. Mittels dieser in Glas realisierten Kanalstruktur stellten DIRK ROESELING et al. monodisperse Polymerbeads mit Durchmessern von $(11 \ldots 44)\,\mu m$ her. [90]

## 3.6.4 Skalierte mikrofluidische Methode

Der Ansatz der Flussfokussierung wurde im Rahmen dieser Arbeit in Zusammenarbeit mit ANNA GROSSE [86] skaliert. Es gelang monodisperse Beads mit Durchmessern bis zu 1 mm und größer zu erzeugen.

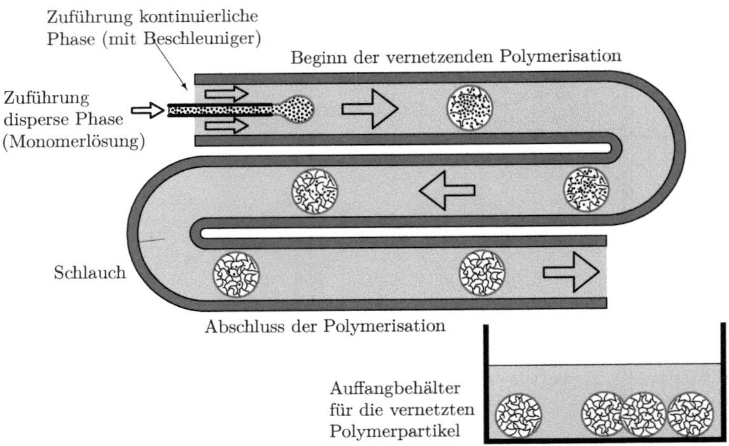



**Abbildung 3.13:** Herstellung der sphärischen Hydrogelpartikel im oberen µm-Bereich.

Abb. 3.13 zeigt das Prinzip und den Reaktionsverlauf. Die vernetzende Polymerisation erfolgt in einem Silikonschlauch, in dem sich wässrige Tropfen in einem hydrophoben Medium befinden. Die Tropfen lassen sich als Miniaturreaktoren betrachten. Sie bestehen aus einer wässrige Monomerlösung, die das Monomer NIPAAm, den Initiator KPS und den Vernetzer BIS enthält (siehe auch Tab. 3.6). Die hydrophobe kontinuierliche Phase enthält den Reaktionsbeschleuniger TEMED, der in die wässrigen Tropfen diffundiert. Damit startet die vernetzende Polymerisation der Monomertropfen.

Für die Erzeugung der Beads bzw. Tropfen wurde eine Vorrichtung entwickelt, die eine definierte, konzentrische Anordnung einer Kanüle im Schlauch sicherstellt und gleichzeitig die Zuführung der kontinuierlichen Phase ermöglicht (Abb. 3.14).

Die Volumenströme werden so eingestellt, dass der Strom der kontinuierlichen Phase ein Vielfaches des Stroms der dispersen Phase ist. Dadurch reißt der schnelle äußere Strom in regelmäßigen Abständen Tropfen der dispersen Phase ab und führt sie mit sich. Erhöht man den Volumenstrom der kontinuierlichen Phase bei konstantem Strom der zu dispergierenden Phase, werden die Tropfen schneller abgerissen, wodurch sich deren Durchmesser verringert. Ebenso ist eine Variation des Volumenstroms der Monomerlösung bei konstantem Strom der kontinuierlichen Phase möglich. Damit ist der Durchmesser direkt einstellbar.

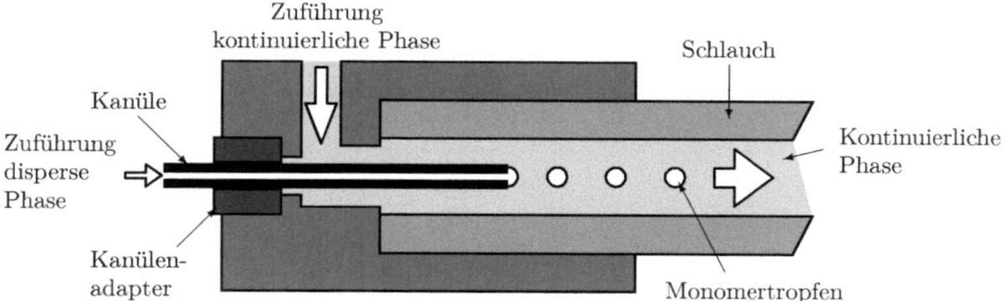


**Abbildung 3.14:** Vorrichtung zur Tropfenerzeugung für die Synthese sphärischer Hydrogelaktoren in einem Schlauch (Schematische Darstellung).

Im Idealfall haben die erzeugten Tropfen alle die gleiche Größe und nehmen eine perfekte Kugelform an. Um dem nahe zu kommen, sind u.a. folgende Bedingungen möglichst gut zu erfüllen:

- konstante, pulsationsfreie Volumenströme,
- gleiche Dichte der beiden Phasen (es kann sonst zum Absinken oder Aufsteigen und damit Verformung der Tropfen kommen),
- störungsfreier Fluss,
- konstante Umgebungsbedingungen.

Die definierte Einstellung konstanter, pulsationsfreier Volumenströme ermöglichen beispielsweise Spritzenpumpen.

## Synthese

Es kam eine abgeflachte Kanüle der Firma Transcodent mit 0,3 mm Außendurchmesser und 23 mm Länge zum Einsatz. Die in Abb. 3.14 gezeigte Vorrichtung diente der Verbindung mit dem Silikonschlauch von Rotilab. Um einen störungsfreien Fluss zu ermöglichen, wurde der Schlauch unter Vermeidung kleiner Biegeradien auf einer ebenen Fläche fixiert. Die Zuführung der beiden Phasen erfolgte mittels Spritzenpumpen vom Typ LA100 der Firma Landgraf Laborsysteme HLL GmbH. Die Polymerisation fand bei Raumtemperatur statt.

Es konnten gute Ergebnisse mit Rapsöl, n-Decan und Paraffinöl als hydrophobes Medium für die kontinuierliche Phase erzielt werden.

**Tabelle 3.5:** Polymerisationsbedingungen bei der Herstellung sphärischer Hydrogel-partikel mittels Flussfokussierung.

| Parameter | Wert |
|---|---|
| Volumenstrom der kontinuierlichen Phase ($\dot{V}_{kont}$) | 1,2 ml/min |
| Volumenstrom der Monomerlösung ($\dot{V}_{disp}$) | (5 ... 100) µl/min |
| Innendurchmesser des Schlauchs | 1,5 mm |
| Außendurchmesser des Schlauchs | 3,5 mm |
| Länge des Schlauchs | 120 cm |

**Tabelle 3.6:** Zusammensetzung der Lösungen für die Synthese der sphärischen PNIPAAm-Hydrogelpartikel.

| | Monomerlösung (Disperse Phase) | | | Kontinuierliche Phase |
|---|---|---|---|---|
| | $\beta$(NIPAAm)[1] [g/l] | $\beta$(KPS)[1] [g/l] | $\omega$(BIS)[2] [%] | $\sigma$(TEMED)[3] [%] |
| Bereich | 80 ... 160 | 10 ... 30 | 2 ... 6 | 0,1 ... 3,3 |
| Verwendet | 80 | 30 | 4 | 3,3 |
| Ansatz 15 ml | 1,2 g | 450 mg | 48 mg | |

[1] bezogen auf das Volumen des Lösungsmittels $H_2O$
[2] bezogen auf die Masse des Monomers NIPAAm
[3] bezogen auf das Volumen des Lösungsmittels Dekan bzw. Öl

Die verwendeten Parameter der Polymerisationsanordnung sind in Tab. 3.5 aufgeführt. Tab. 3.6 zeigt die Zusammensetzung der beiden Phasen. Hierbei sind einerseits die Bereiche aufgeführt, in denen sphärische Partikel erzeugt werden konnten, andererseits als „Verwendet" die für die weitere Herstellung genutzten Werte und ein entsprechender Ansatz.

**Ergebnisse**

Abb. 3.15 zeigt Aufnahmen hergestellter Hydrogelbeads mit einem Durchmesser von ca. 1,5 mm im voll gequollenen Zustand bei verschiedenen Temperaturen. Sowohl die enge Größenverteilung, die sphärische Form als auch der Volumenphasenübergang sind deutlich sichtbar. Durchschnittliche Durchmesser aus verschiedenen Ansätzen mit gleicher Zusammensetzung hergestellter Partikel sowie die jeweiligen Standardab-

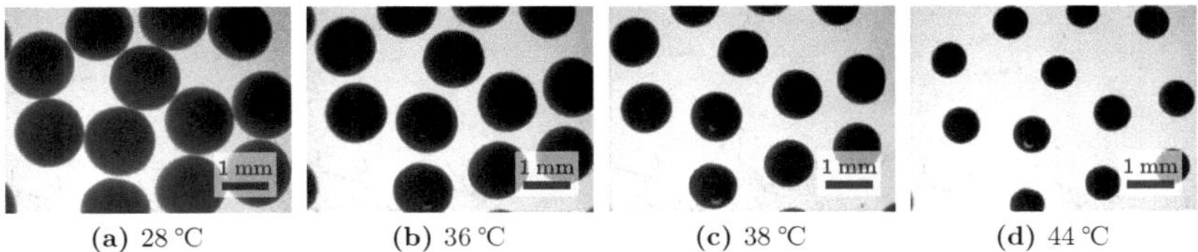

(a) 28 °C     (b) 36 °C     (c) 38 °C     (d) 44 °C

**Abbildung 3.15:** Volumenphasenübergang mit der vorgestellten Methode hergestellter sphärischer PNIPAAm-Partikel, aufgenommen mittels Lichtmikroskop.

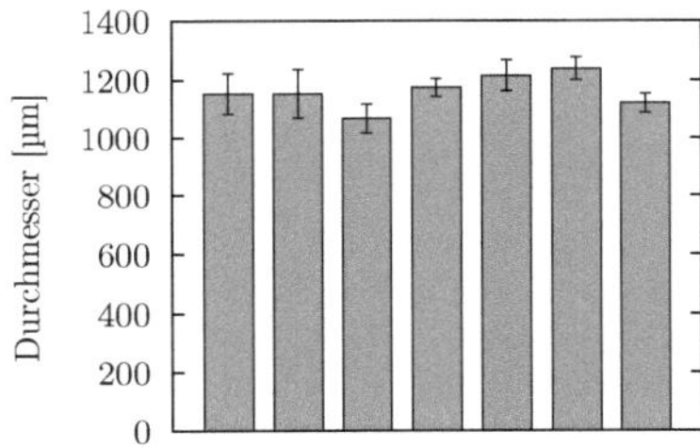

**Abbildung 3.16:** Durchschnittliche Durchmesser der sphärischen Hydrogele aus verschiedenen Ansätzen. Die Fehlerbalken zeigen die ermittelten Standardabweichungen.

weichungen sind in Abb. 3.16 dargestellt. Die erzielten Standardabweichungen liegen zwischen 2,7 % und 7,2 %.

Die Diagramme in Abb. 3.17 zeigen Durchmesser und Volumenquellungsgrad hergestellter Partikel in Abhängigkeit von den Volumenströmen. Wie erwartet nimmt der Durchmesser der erhaltenen Gelpartikel mit steigendem Verhältnis des Volumenstroms der kontinuierlichen Phase zum Strom der Monomerphase $\dot{V}_{\text{kont}}$ zu $\dot{V}_{\text{disp}}$ ab. Auch der Quellungsgrad nimmt mit dem Volumenstrom ab. Dies lässt darauf schließen, dass bei kleineren Partikeln eine stärkere Vernetzung erfolgt.

Die Phasenübergangstemperatur liegt bei ungefähr 35 °C. Die Breite des Phasenübergangs ist bei einer geringerem Unterschied zwischen $\dot{V}_{\text{disp}}$ und $\dot{V}_{\text{kont}}$ deutlich kleiner und der Phasenübergang damit schärfer als bei größerem. Beide Effekte sind erwünscht und auch der erzielte Partikeldurchmesser ist für Aktoren geeignet. Somit empfiehlt sich die Verwendung der Volumenströme $\dot{V}_{\text{disp}} = 100\,\text{µl/min}$ und $\dot{V}_{\text{kont}} = 1{,}2\,\text{ml/min}$ für die weitere Herstellung.

Es wurden weiterhin mit handelsüblichem Rapsöl als kontinuierliche Phase deutlich kleinere Partikel als bei Verwendung von n-Decan erhalten. Dies ist auf die zu geringe Viskosität des n-Decans zurückzuführen, wegen der ein Tropfenabriss an der Kanüle

41

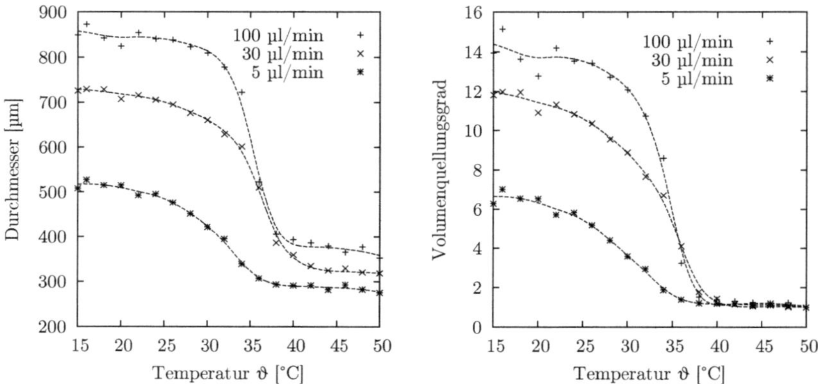

**Abbildung 3.17:** Einfluss des Volumenstroms der Monomerlösung auf Größe und Quelleigenschaften der sphärischen Hydrogele. Für die Reaktionslösung wurde folgende Zusammensetzung gemäß Tab. 3.6 verwendet: $\beta$(NIPAAm)=150 g/l, $\beta$(KPS)=30 g/l, $\omega$(BIS)=4 %. Der Volumenstrom der kontinuierlichen Phase $\dot{V}_{kont}$ betrug 1,2 ml/min, $\sigma$(TEMED)=3,3 %.

deutlich später erfolgt – zumeist erst, wenn der Durchmesser des Monomertropfens den Innendurchmesser des Schlauchs erreicht.

Die Rasterelektronenmikroskopie (REM)-Aufnahmen in Abb. 3.18 zeigen die Porösität hergestellter Gelpartikel. Durch diese verringern sich die Quell- und Entquellzeiten [69]. Bei den gezeigten Gelen wurde als kontinuierliche Phase Rapsöl verwendet.

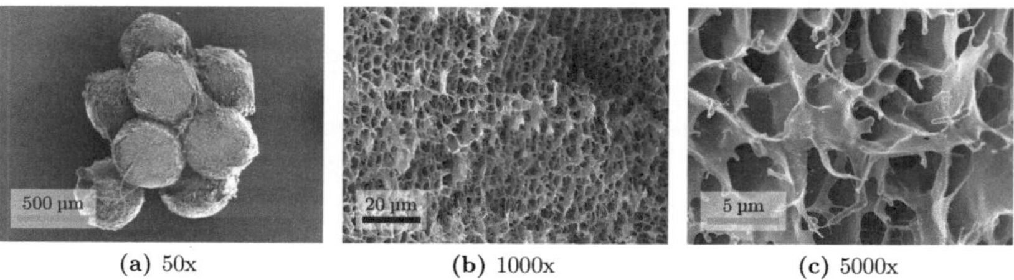


(a) 50x     (b) 1000x     (c) 5000x

**Abbildung 3.18:** REM-Aufnahmen der hergestellten und gefriergetrockneten sphärischen PNIPAAm-Partikel.

# 4 Aufbau- und Verbindungstechnologie

In diesem Kapitel wird die Herstellungstechnologie der mikrofluidischen Prozessoren vorgestellt. Der dazu in Kapitel 4.1 erläuterte grundsätzliche Aufbau ist das Resultat der sukzessiven Entwicklung verschiedener Technologien. Er erlaubt eine Fertigung unter den gegebenen Bedingungen bei einer gleichzeitig möglichst hohen Leistungsfähigkeit der mikrofluidischen Elemente und der gesamten Schaltung. Auf die Funktionsweise der verwendeten mikrofluidischen Grundelemente und damit die Gründe für diesen Aufbau wird in Kapitel 6 ab Seite 93 eingegangen.

Mikrofluidische Aufbauten werden in der Regel mit mikrotechnischen Methoden hergestellt, d. h. unter Reinraumbedingungen [8]. Es ist ein Spezifikum polymerer Mikrosysteme, dass diese Bedingungen nicht oder nur ausgewählt benötigt werden. Hier werden verschiedene Fertigungsverfahren diskutiert und Technologien vorgestellt, die weniger hohe Ansprüche an die Ausstattung stellen. Mit solchen Methoden wird eine deutlich kostengünstigere Herstellung mikrofluidischer Prozessoren bzw. oftmals eine Herstellung überhaupt erst ermöglicht.

## 4.1 Verwendeter Grundaufbau

Die Prozessoren bestehen aus vier Ebenen (Abb. 4.1). In der Prozessebene werden die Prozessmedien verarbeitet. Die Aktorebene ist von der Prozessebene durch eine flexible Membran getrennt. In der Aktorebene befinden sich die Hydrogelaktoren, welche die Verarbeitung der Prozessmedien steuern. Die dritte Ebene, die Quellmittelversorgungsebene (QMV-Ebene), sorgt für die großflächige Zu- und Abfuhr des Quellmittels zu bzw. von den Aktoren. Die vierte Ebene ist die elektrothermische Schnittstelle und befindet sich direkt an der Quellmittelversorgungsebene. Sie steuert die Aktoren durch lokale Temperaturänderungen.

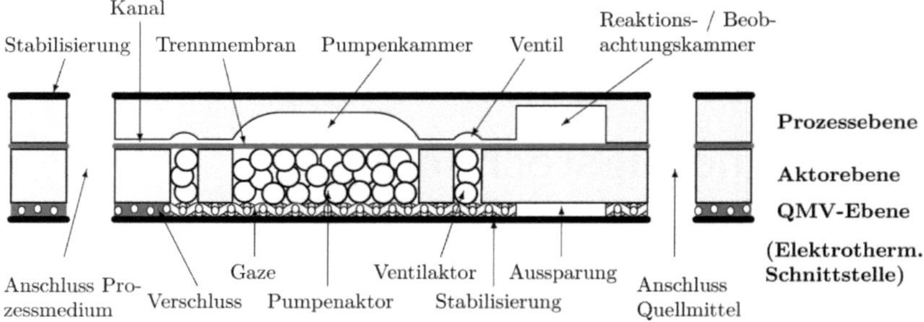


**Abbildung 4.1:** Schematischer Aufbau einer Variante der mikrofluidischen Prozessoren (Schnittansicht). Die elektrothermische Schnittstelle ist nicht dargestellt.

An der Ober- und Unterseite dienen feste Abdeckungen der **Stabilisierung** des gesamten Aufbaus. Sie fixieren die Geometrien der mikrofluidischen Strukturen und ermöglichen eine einfachere Fertigung und gute Handhabung der Prozessoren trotz der Flexibilität der eingesetzten Materialien, insbesondere auch bei dem angestrebten dünnen Aufbau.

In der **Prozessebene** befinden sich die Kanäle, Mischer, Reaktions- und Beobachtungskammern sowie die Teile der Ventile und Pumpen, die mit den Prozessmedien selbst in Kontakt kommen. Diese Pumpen- und Schließkammern sind abgerundet, um ein möglichst dichtes Abschließen durch die Membran bei kleinem Kraftaufwand zu gewährleisten. Die Strukturen werden als Vertiefungen realisiert.

Die elastische **Membran** trennt die Prozessebene und damit die Prozessmedien von der Aktorebene. Dies verhindert eine gegenseitige Beeinflussung von Aktoren und Prozessmedien. Sowohl die Aktor- als auch die Prozessebene sind mit ihr verklebt. Ihre Elastizität ermöglicht zum einen durch Auslenken die Verrichtung der mechanischen Arbeit in der Prozessebene – im Beispiel das Leeren der Pumpenkammern und das Schließen der Ventile –, zum anderen durch ihre elastische Rückstellkraft das Öffnen der Ventile bzw. das Füllen der Pumpenkammer.

In den Kammern der **Aktorebene** befinden sich die Hydrogelaktoren. Im dargestellten Fall sind dies sphärische Hydrogelpartikel. Durch Quellen lenken die Aktoren die

Trennmembran in Richtung Prozessebene aus und schließen die Ventile bzw. leeren die Pumpenkammern. Entquellen die Hydrogelaktoren, öffnen die Ventile und die Pumpenkammer wird wie bereits erwähnt mithilfe der Rückstellkraft der Membran und/oder durch einen externen Druck befüllt. Die Aktorkammern sind durchgängige Öffnungen in der Aktorebene.

Um bei den Quellvorgängen eine Volumenänderung der Aktoren zu ermöglichen, muss das Quellmittel – in der Regel entionisiertes Wasser – jeweils ab- oder zugeführt werden. Diese **Quellmittelversorgung** (QMV) erfolgt großflächig mittels Gaze über die der Prozessebene abgewandten Seite der Aktorkammern. Diese Lösung erhöht zwar den Abstand zur elektrothermischen Schnittstelle, verringert aber die Diffusionswege im Vergleich zu einer beispielsweise seitlichen Versorgung. Dadurch werden die Quell- und Entquellvorgänge und somit die Aktoren beschleunigt. Die Gaze gewährleistet auch die Fixierung der Hydrogelpartikel in ihren Kammern.

Um dies und den Quellmitteltransport zu gewährleisten, muss die Gaze mit der Aktorebene und der Stabilisierung verklebt werden, ohne die Zwischenräume zu verschließen. Ein Verschließen erfolgt nur dort, wo kein Quellmitteltransport stattfinden soll, beispielsweise an den Außenseiten und um die fluidischen Anschlüsse der Prozessebene. Diese Anschlüsse können somit ebenso wie die Anschlüsse für die Quellmittelversorgung als Durchbohrung gefertigt werden.

## 4.2 Geeignete Fertigungsverfahren

Insbesondere während der Entwicklung der mikrofluidischen Prozessoren sind Technologien erforderlich, die ein schnelles, flexibles und kostengünstiges Fertigen immer wieder neuer Strukturen in geringen Stückzahlen erlauben.

Abb. 4.2 zeigt die aus dem im vorherigen Kapitel vorgestelltem Grundaufbau resultierenden geometrischen Grundformen in der Prozessebene, die zu fertigen sind. In der Tiefe (in Richtung der z-Achse) werden nur einfache Grundformen benötigt, allerdings können die Strukturen in der x-y-Ebene sehr komplex werden.

Fertigungsverfahren lassen sich in reproduzierende und nicht reproduzierende Verfahren unterscheiden. Letztere sind im Allgemeinen im Vergleich zu Reproduktionsverfahren aufwändiger und teurer, aber hinsichtlich Änderungen flexibler. Der Fertigungsaufwand

**Abbildung 4.2:** Zu fertigende Strukturen für den Aufbau der mikrofluidischen Prozessoren anhand des Ausschnitts einer Prozessebene: v. l. n. r. Ventil-, Pumpen-, Ventilkammer, Mäander, Reaktionskammer.

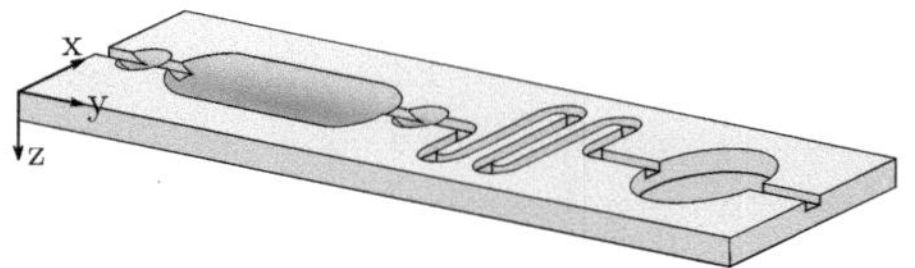

und die Kosten steigen mit der Komplexität und Anzahl der Strukturen. Eine direktes Fertigen der mikrofluidischen Strukturen empfiehlt sich somit nur bei Einzelstücken.

Reproduktionsverfahren erlauben in der Regel eine schnelle und kostengünstige Herstellung großer Stückzahlen, die weitgehend unabhängig von der Komplexität und Anzahl der herzustellenden Strukturen ist. Allerdings wird immer eine Urform bzw. Matrize benötigt, die mit anderen Verfahren hergestellt werden muss.

Da für die Untersuchungen im Laufe der Entwicklung der Prozessoren jeweils mehrere Exemplare aufzubauen sind, werden reproduzierende Verfahren verwendet. Somit sind sowohl Fertigungsverfahren für die Urformen bzw. Matrizen als auch reproduzierende Methoden erforderlich. Auf die Anwendung ersterer wird in Kap. 4.3 eingegangen, auf die letzterer für die Herstellung der mikrofluidischen Strukturen ab Kap. 4.4. Nachfolgend werden verschiedene Fertigungsverfahren diskutiert.

## 4.2.1 Nicht reproduzierende Verfahren

Mit den zu nutzenden Verfahren sollen Urformen oder Matrizen komplexer mikrofluidischer Strukturen gefertigt werden. Sie müssen also die Reproduktion mikrofluidischer Elemente wie Kanäle, Mischer, Ventil- und Pumpenkammern in einem ebenen Substrat ermöglichen. Tab. 4.1 zeigt eine Zusammenfassung möglicher nicht reproduzierender Fertigungsverfahren hinsichtlich ihrer diesbezüglichen Eignung.

Die **mechanische Fertigung** beispielsweise mittels Fräsen ist für komplexe Strukturen sehr aufwändig und für Strukturen im Mikrometerbereich ungeeignet. Sie lässt aber bei der Gestaltung der einzelnen Elemente vergleichsweise viele Freiheiten, da nahezu beliebige Formen realisiert werden können. Der Grund für den hohen Aufwand liegt darin, dass alle Konturen mit den Fräswerkzeugen abgefahren werden müssen. Diese Werkzeuge müssen bei kleinen Strukturen auch dementsprechend klein sein. Das bedeutet einen hohen Programmieraufwand, eine lange Bearbeitungszeit sowie einen hohen Werkzeugverschleiß – und daher hohe Kosten.

**Tabelle 4.1:** Nicht reproduzierende Verfahren zur Fertigung komplexer mikrofluidischer Strukturen.

| Verfahren | Gestalter. Freiheit | Flexibilität[1] | Aufwand | Erforderliche Ausstattung |
|---|---|---|---|---|
| Mechanisch (spanend) | mittel | mittel | hoch[2] | Feinmechanische Werkstatt, CNC-Maschinen |
| Fotolithografie | klein | mittel | mittel | Fotolithografie- & ggf. Ätzanlage |
| Additives „Rapid Prototyping"[3] | groß | hoch | mittel | entsprechende Anlage |
| Laserablation | mittel | hoch | mittel | Laserablationsanlage |

[1] hinsichtlich Änderungen der Strukturen

[2] abhängig von der Komplexität der zu fertigenden Strukturen

[3] z. B. Selektives Lasersintern, Stereolithografie, Schmelzschichtung, „Multi Jet Modeling"

**Fotolithografische Verfahren** sind dagegen unabhängig von der Komplexität, da alle Strukturen parallel erzeugt werden. Dabei wird eine lichtempfindliche Schicht durch eine Fotomaske belichtet und damit deren Struktur auf die Schicht übertragen.

Klassische fotolithografische Verfahren der Mikrosystemtechnik (MEMS) finden häufig Anwendung in der Mikrofluidik, insbesondere zur Herstellung der Matrizen für Abformverfahren [8]. Sie sind auch aus der Mikroelektronik bekannt und basieren auf dem Ätzen von Vertiefungen in Silizium. Mittels dieser Technologien lassen sich problemlos Auflösungen im Submikrometerbereich erreichen. Derartige Technologien haben allerdings hohe Ansprüche an die Ausstattung und werden üblicherweise unter Reinraumbedingungen durchgeführt, sie sind dementsprechend sehr kostenintensiv.

Geringere Ansprüche stellen Verfahren, wie sie beispielsweise in der Leiterplattenherstellung zur Erzeugung der elektrischen Leiterzüge oder des Lötstopps genutzt werden. Die damit erreichbaren Auflösungen sind aber deutlich geringer.

Den fotolithografischen Verfahren ist gemein, dass in der Regel lediglich flache, ebene Strukturen erzeugt werden. Anisotropes Ätzen von monokristallinem Silizium ermöglicht die Realisierung bestimmter schräger Kanten, indem die in Abhängigkeit von der kristallografischen Orientierung stark unterschiedlichen Ätzraten ausgenutzt werden. In Kap. 4.3.2 wird eine Fotolithografie-Technologie auf Basis von Lötstopplaminat vorgestellt, die es ermöglicht, mehrstufige Strukturen (Strukturen verschiedener Tiefe) zu erzeugen.

In letzter Zeit werden **additive Verfahren**, die oft unter den Begriffen „Rapid Prototyping" oder generative Fertigungsverfahren zusammengefasst werden, breiter verfügbar. Dabei erfolgt der Aufbau der Objekte mit Hilfe verschiedener Verfahren wie Selektivem Lasersintern, Stereolithografie, Schmelzschichtung oder „Multi Jet Modeling" computergesteuert direkt aus CAD-Modellen. Kosten und Zeit hängen dabei primär vom Volumen der herzustellenden Objekte und von der Auflösung ab, die Komplexität spielt kaum eine oder gar keine Rolle. Auflösungen unter 100 µm sind erreichbar. „Rapid Prototyping" ist somit prinzipiell für die Herstellung der Urformen/Matrizen geeignet. Allerdings standen keine derartigen Anlagen zur Verfügung, somit konnten diese Verfahren nicht genutzt werden. [91]

Ähnliches gilt für die **Laserablation**. Sie ist wie die mechanische, spanende Fertigung ein abtragendes Verfahren. Dauer und Kosten hängen somit vom Volumen des abzutragenden Materials ab, wobei auch hier die Komplexität eine untergeordnete Rolle spielt. [92; 93]

## 4.2.2 Reproduktionsverfahren

Diese Verfahren erlauben die Reproduktion mittels Abformen eines bereits vorhandenen Objekts. Dabei wird eine negative Kopie erzeugt, so dass entweder ein zweites Abformen notwendig ist, oder es wird direkt ein Negativ der Formlinge hergestellt. Abb. 4.3 auf Seite 49 zeigt beide Varianten. Die Negativform wird als Matrize bezeichnet, eine positive als Urform.

Im Idealfall ist die aufwändige Herstellung von Urform oder Matrize nur ein Mal nötig und diese erlauben die Anfertigung beliebig vieler Kopien unabhängig von der Komplexität der Strukturen. Von einer Urform lassen sich mehrere Matrizen herstellen, was eine Parallelisierung des Herstellungsprozesses ermöglicht.

In Abb. 4.3 sind die Abformschritte beginnend von der Urform bzw. Matrize und das Fügen der abgeformten Teile und einer Membran am Beispiel einer Pumpenkammer dargestellt.

Tab. 4.2 zeigt reproduzierende Fertigungsverfahren, die grundsätzlich für die Herstellung der mikrofluidischen Strukturen im Labormaßstab geeignet sind. Dabei spielen

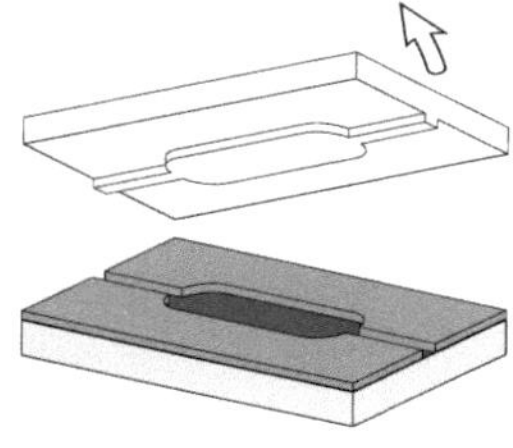

Herstellung von Matrizen (oben) durch Abformen von einer Urform (unten). Abformen mehrerer Matrizen von einer Urform ermöglicht parallele Fertigung bei Schonung der Urform.

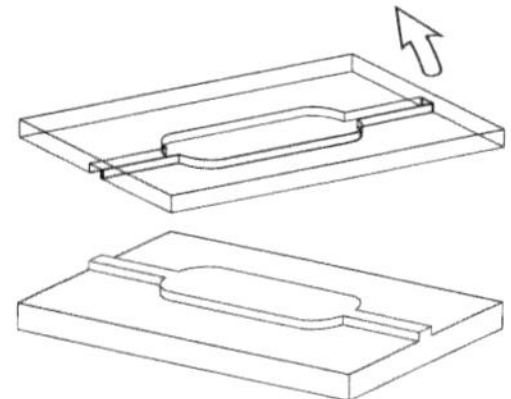

Abformen mikrofluidischer Strukturen (oben) von den Matrizen

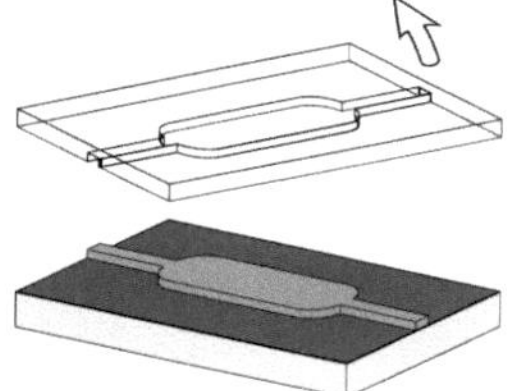

Bei Einsatz einer direkt hergestellten Matrize werden die mikrofluidischen Strukturen von dieser abgeformt.

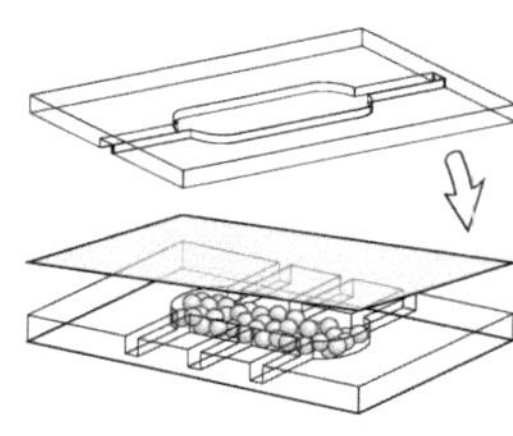

Fügen zweier abgeformter Ebenen mit Trennmembran. Hier ist die Verwendung sphärischer Hydrogelpartikel dargestellt, die vor dem Fügen in die Aktorebene eingebracht werden.

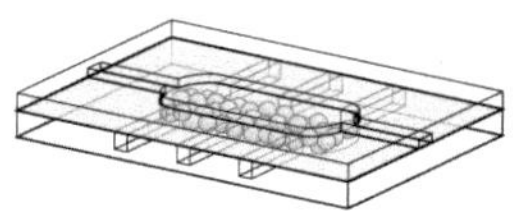

Fertige Pumpe (ohne Ventile). Oben ist die Prozessebene mit der Pumpenkammer dargestellt, unten die Aktorebene mit Hydrogelaktoren und Quellmittelversorgungskanälen.

**Abbildung 4.3:** Herstellung mikrofluidischer Strukturen mittels Abformung. Links ist der Prozess bei Verwendung einer Urform dargestellt, rechts bei direkter Herstellung der Matrize.

Durchsatz und die Eignung zur Herstellung hoher Stückzahlen eine untergeordnete bzw. keine Rolle.

**Tabelle 4.2:** Reproduzierende (abformende) Verfahren zur Fertigung komplexer mikrofluidischer Strukturen.

| Verfahren | Flexibilität[1] | Materialien | erford. Ausstattung |
| --- | --- | --- | --- |
| Mikrospritzguss | gering | Thermoplaste | Spritzgussanlage |
| Heißprägen | hoch | Thermoplaste | Heißprägeanlage |
| Gießen von z. B. Gießharzen ("Soft Lithography") | hoch | Elasto-, Duromere | - |

[1] hinsichtlich Änderungen der Strukturen

Der **Mikrospritzguss** erlaubt die Herstellung komplexer Formen ohne Beschränkung auf flache Geometrien. Dazu wird thermoplastisches Material geschmolzen und in die Matrize gefüllt. Nach dem Abkühlen kann der erstarrte Formling entnommen werden. Für das Verfahren sind hohe Temperaturen und eine entsprechende Mikrospritzgussanlage nötig. Des weiteren sind bei dem Prozess abhängig von der konkreten Geometrie des Formlings eine Vielzahl von Parametern einzustellen, um zufriedenstellende Ergebnisse zu erhalten. Aus diesem Grund ist der Mikrospritzguss weniger für die Herstellung von Prototypen geeignet, sondern eher für die spätere Produktion in großen Stückzahlen. [94]

Beim **Heißprägen** wird das thermoplastische Substrat lediglich etwas über seine Glasübergangstemperatur erhitzt. Die Strukturen werden durch Einpressen der Matrize in das flache Substrat eingeprägt. Der Prozess findet unter Vakuum statt. Als Substratmaterial können beispielsweise Polymethylmethacrylat (PMMA) oder Polycarbonat eingesetzt werden. Das Verfahren ist prinzipiell geeignet, allerdings stand keine geeignete Mikro-Heißprägeanlage zur Verfügung. [94; 95]

Das **Gießen** unproblematisch zu handhabender 2-Komponenten-Gießharze ist ein Standardverfahren der Herstellung mikrofluidischer Strukturen. Es erfordert keine besondere Ausstattung und wird im Rahmen dieser Arbeit ebenfalls verwendet. Auf die Materialien und Verfahren wird in den Kapiteln 4.4 und 4.5 detailliert eingegangen.

# 4.3 Herstellungstechnologie von Urform und Matrize

## 4.3.1 Mechanische Fertigung

Eine Möglichkeit der Herstellung der Urformen bzw. Matrizen ist die mechanische Fertigung. In ersten Versuchen wurde wegen guter Erfahrungen für einzelne Bauelemente Polytetrafluorethylen (PTFE, Handelsbezeichnung Teflon®) als Material für die Matrize verwendet. Die Bearbeitung erwies sich allerdings als schwierig und PTFE für das Fräsen als ungeeignet, da sich große Grate an den Frässpuren nicht vermeiden ließen. Diese Grate verhinderten ein späteres Verschweißen der Formlinge.

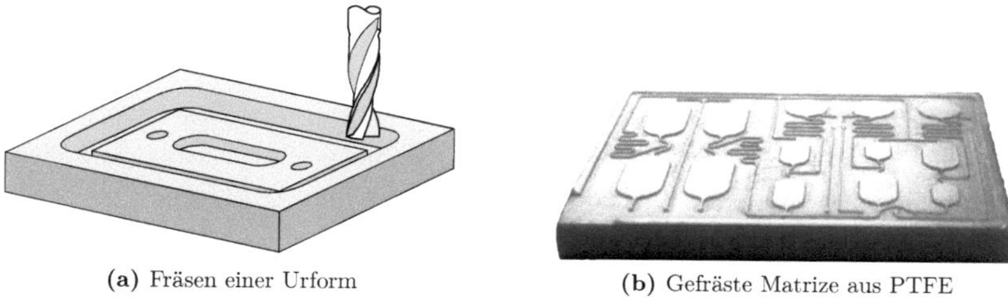

(a) Fräsen einer Urform      (b) Gefräste Matrize aus PTFE

**Abbildung 4.4:** Gefräste Urform (Prinzip) und Matrize: (a) Fräsen einer Urform der Aktorebene einer Pumpe (mit Rand für die Matrize), (b) Gefräste Matrize der Prozessebene des Prozessors aus PTFE.

Aus diesem Grund wurde Aluminium als Werkstoff verwendet, das deutlich präzisere Ergebnisse und somit eine hohe Fertigungsqualität ermöglicht. Die hohe Oberflächengüte lässt auch ein problemloses Lösen der Formteile zu. Wegen des davon unabhängig hohen Fertigungsaufwands ist die mechanische Fertigung trotzdem nur für weniger komplexe Strukturen wie beispielsweise die Aktorebene des mikrofluidischen Prozessors geeignet und wurde dafür auch angewandt (Abb. 4.4a). Eckige Kammern und damit konkave Ecken lassen sich nicht fräsen, somit sind für Urformen nur runde bzw. abgerundete Kammerformen möglich. Diese lassen sich bei passendem Werkzeug in einem Gang erzeugen. Für die Herstellung von Matrizen gilt diese Einschränkung nicht, allerdings ist die Fertigung ungleich aufwändiger, da lediglich die späteren Kammern ausgespart werden.

## 4.3.2 Fotolithografie

Fotolithografische Methoden ermöglichen das parallele Fertigen von Strukturen unabhängig von ihrer Komplexität. Üblicherweise wird in mikrofluidischen Anwendungen der Fotoresist SU-8 auf Siliziumwafern strukturiert [96], siehe dazu auch Kap. 4.4.1. Dieses Verfahren ist aufgrund seiner Anforderungen und erreichbaren Schichtdicken etc. nicht geeignet. Stattdessen wurden Lötstopplaminat (LSL) bzw. Kupfer auf FR4-Leiterplattenmaterial als strukturierbare Schichten genutzt, so dass übliche Methoden der Leiterplattenfertigung eingesetzt werden konnten.

### Strukturierung von Lötstopplaminat

Die Verwendung mehrerer Resist-Schichten, die sich auch separat belichten und damit strukturieren lassen, erlaubt die Fertigung abgestufter Strukturen. Dies ermöglicht das Herstellen verschieden tiefer Kanäle, Kammern usw. und somit beispielsweise zugleich geringe Totvolumina der Kanäle und große Kammervolumina.

Die Tiefe der Strukturen ergibt sich aus der Schichtdicke des verwendeten Resists. Im Rahmen der Arbeit wurde das Lötstopplaminat (LSL) Dynamask 5030 von Shipley Company, L.L.C. eingesetzt, das im Ergebnis eine Schichtdicke von ca. 75 µm aufweist [58; 97]. Es war eine Fertigung von maximal drei Schichten möglich. Den Ablauf der fotolithografischen Herstellung zweier Urformen, wie sie für die mikrofluidischen Prozessoren angewandt wurde, zeigt Abb. 4.5.

Die kleinsten realisierbaren Strukturbreiten betrugen bei einlagigem Aufbau etwa 50 µm. Da die Positionierung der Fotomaske beim Belichten verschiedener Ebenen manuell anhand von Markierungen erfolgte, war ein gewisser Versatz nicht zu vermeiden. Dieser bedingt zum einen eine deutliche Vergrößerung der minimalen Strukturbreiten und erhöht zum anderen das Risiko von Abplatzen einzelner LSL-Schichten beim späteren Abformen.

Abb. 4.6a zeigt eine auf die beschriebene Weise hergestellte Matrize, Abb. 4.6b eine von dieser abgeformte Prozessebene.

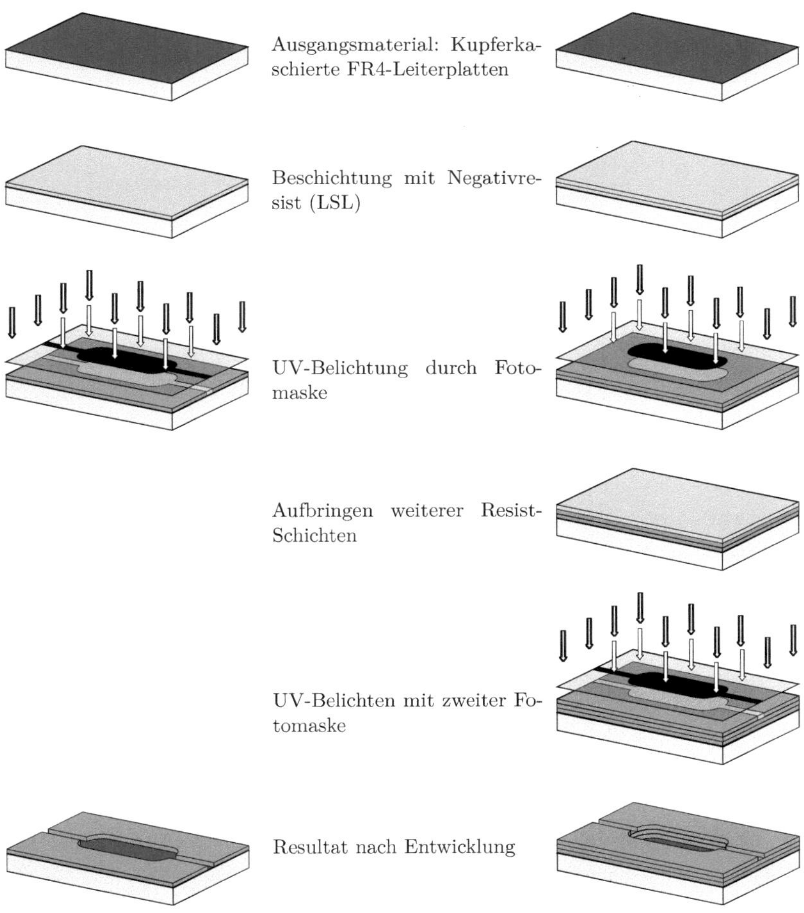


**Abbildung 4.5:** Herstellung zweier Urformen mittels LSL-Leiterplattentechnologie. Rechts ist die Fertigung einer abgestuften Urform dargestellt.

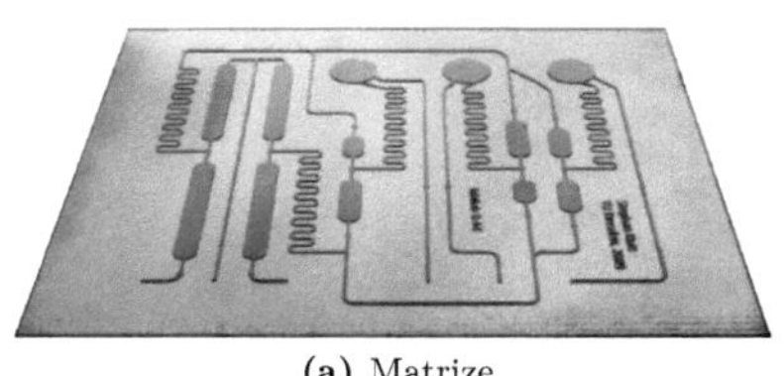
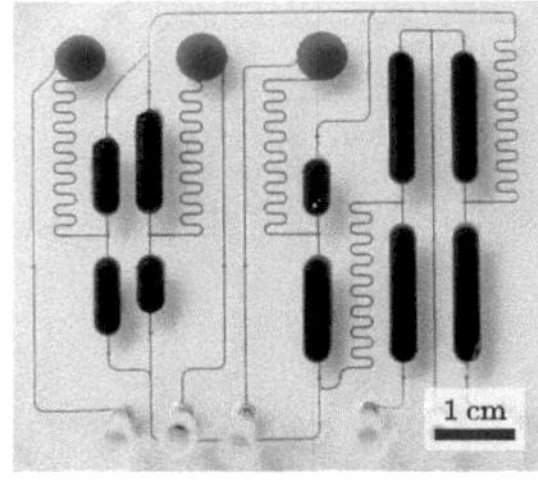


(a) Matrize · (b) Prozessebene

**Abbildung 4.6:** Mittels LSL-Leiterplattentechnologie hergestellte Matrize (a) und eine mithilfe dieser gefertigte Prozessebene (b). Die Prozessebene besteht aus transparentem Polyurethan und wurde zwecks besserer Darstellbarkeit mit gefärbtem Wasser gefüllt.

**Strukturierung der Kupferschicht**

Das fotolithografische Strukturieren einer Kupferschicht anstelle des Lötstopplaminats ermöglicht zwar nicht das Fertigen verschieden strukturierter Lagen, umgeht allerdings die Probleme des Laminats. So platzt das Kupfer nicht ab, ermöglicht erheblich längere Standzeiten und lässt sich auch unproblematischer weiterverarbeiten. Die Strukturtiefe wird durch die Wahl der Dicke der Kupferschicht festgelegt. In dieser Arbeit kam hauptsächlich kupferkaschiertes FR4-Material mit einer Kupferschichtdicke von 200 µm zum Einsatz, das mit den üblichen fotochemischen Methoden der Leiterplattenfertigung strukturiert wurde.

## 4.3.3 Hybridtechnologie

Um die Vorteile der mechanischen Fertigung, die nahezu beliebige Formgebung und Strukturtiefe und die der Fotolithografie, die günstige Fertigung komplexer Strukturen, zu vereinen, wurde eine neue Methode entwickelt. Sie wird als Hybridtechnologie bezeichnet. Bei ihr wird zum einen die Urform mit den feinen Strukturen lithografisch hergestellt, zum anderen die gröberen Elemente entweder aus beispielsweise gefrästen Urformen getrennt gefertigt oder es wird die lithografisch hergestellte Urform selbst weiter bearbeitet (Abb. 4.7). Im ersten Fall werden die getrennt hergestellten Elemente mit der Matrize z. B. verklebt oder direkt auf sie abgeformt (Abb. 4.8).

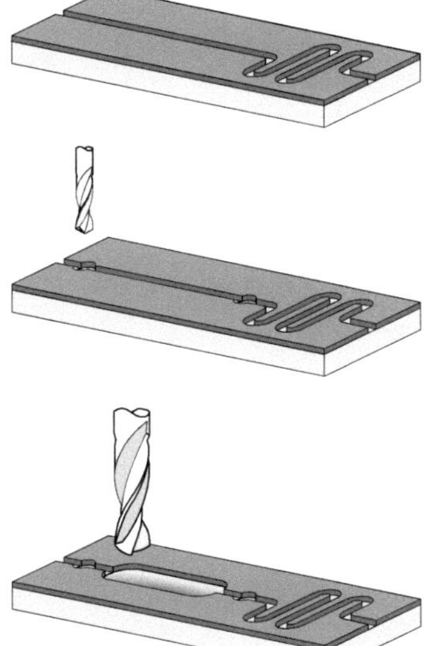

Fotolithografisch hergestellte Struktur (siehe Abb. 4.5). Als Substrat können andere Materialien als FR4 verwendet werden, die sich besser spanend bearbeiten lassen.

Tiefere Elemente wie Ventilsitze können gebohrt werden.

Mittels eines Radienfräsers lassen sich abgerundete, tiefe Elemente realisieren. Je nach Werkzeug sind verschiedene Profile möglich, komplexe Formen sind durch Abfahren herstellbar.

Auch für die Membranauslenkung günstige flache Kantenwinkel lassen sich durch größere Werkzeugdurchmesser in einem Gang erzeugen.

**Abbildung 4.7:** Herstellung einer Urform mittels Hybridtechnologie. Die zusätzlichen Elemente werden abgetragen.

Abb. 4.9 zeigt eine REM-Aufnahme eines Details einer gefrästen Urform. Deutlich sind Frässpuren insbesondere in der Kupferschicht und eine leichte Gratbildung an der Kante zu erkennen.

## 4.4 Materialien

Die zu verwendenden Materialien für den Aufbau der mikrofluidischen Prozessoren müssen transparent und vor allem für das Abformen geeignet sein.

Durch die hohe Transluzenz des Materials im erforderlichen Wellenlängenbereich (meist oberes UV bis sichtbar) wird gewährleistet, dass die Vorgänge im Prozessor bzw. seinen

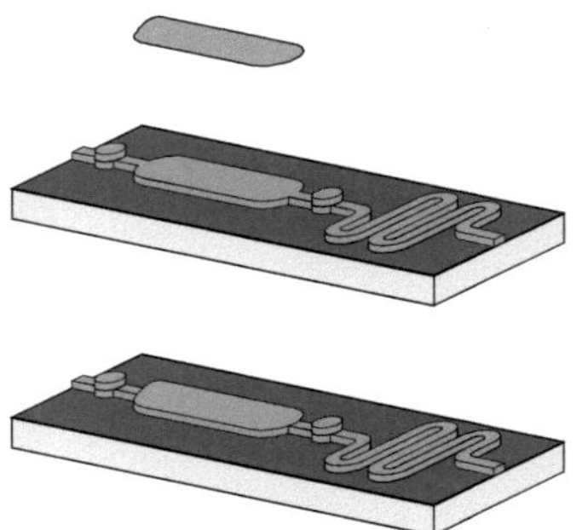

Der Pumpenkammer entsprechendes Formstück.

Fotolithografisch hergestellte Matrize. Die Strukturen entsprechen den Negativen des späteren Ergebnisses.

Matrize mit abgerundeter, großvolumiger Pumpenkammer nach Aufbringen des Formstückes.

**Abbildung 4.8:** Herstellung einer Matrize mittels Hybridtechnologie. Zusätzliche Elemente werden zugefügt. Dies kann beispielsweise durch direktes Abformen oder wie dargestellt durch Aufkleben von Formstücken geschehen.

**(a)** Übergang Pumpenkammer-Kanal (Kanalbreite 500 µm)

**(b)** Ventil im Kanal (Kanalbreite 1 mm)

**Abbildung 4.9:** REM-Aufnahmen von Details einer hybriden Urform einer Prozessebene, bei der die Kanäle in Kupfer geätzt, die Ventile und Pumpenkammern dagegen gefräst wurden. Die Dicke der Kupferschicht beträgt 200 µm, als Substrat dient FR4.

Elementen optisch beobachtbar sind. Darüber hinaus wird die Montage des Aufbaus, insbesondere die Positionierung, vereinfacht.

Ist das Material hart, führen bereits kleinste Abweichungen und Verformungen zu Fehlern im Aufbau, wie beispielsweise unerwünschte Öffnungen zwischen Kanälen, zur Unbrauchbarkeit des ganzen Prozessors. Eine gewisse Flexibilität des Materials kann hingegen kleinere Abweichungen ausgleichen, so dass die Ansprüche an die Fertigungsgenauigkeit deutlich sinken. Die Elastizität vereinfacht durch ein mögliches Abrollen bei der Montage außerdem das Zusammenfügen der verschiedenen Ebenen des Prozessors, ohne dass es zu unerwünschten Lufteinschlüssen kommt.

Eine weitere wichtige Eigenschaft ist eine einfache Verarbeitbarkeit. Ein möglichst geringer Volumenschwund beim Aushärten ist vorteilhaft.

Materialien, die diese Anforderungen erfüllen, sind Gießharze, welche für das Vergießen von Elektronikbauteilen eingesetzt werden. Dabei sind insbesondere Gießharze auf Basis von Polydimethylsiloxan (PDMS) und Polyurethan (PU) zu nennen, auf die im folgenden näher eingegangen wird.

Die als Aktormaterial eingesetzten stimuli-sensitiven Hydrogele sind Gegenstand des Kapitels 3.

## 4.4.1 Polydimethylsiloxan

Polydimethylsiloxan (PDMS) ist ein Silikonelastomer, d. h. ein Polymer auf Basis von Silizium. Seine Struktur ist in Abb. 4.10 dargestellt.

PDMS ist transparent bis zur Wellenlänge 240 nm, elektrisch und thermisch isolierend, chemisch inert und nicht toxisch. Es hat eine geringe freie Oberflächenenergie und ist elastisch. Sein Elastizitätsmodul ist einstellbar, ein typischer Wert ist ca. 750 kPa. [98]

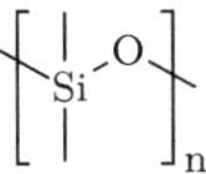

**Abbildung 4.10:** Chemische Struktur der Wiederholeinheit von PDMS.

GEORGE M. WHITESIDES entwickelte ein als „Soft Lithography" bezeichnetes Verfahren für „Rapid Prototyping" auf Basis von PDMS [96; 99; 100]. PDMS wird im

**Tabelle 4.3:** Ermittelte Elastizitätsmoduln verwendeter Elastomere.

| Elastomer | $E$ [MPa] |
| --- | --- |
| RTV 615 10:1 | 2,24 |
| RTV 615 3:1 | 0,235 |
| RTV 615 30:1 | 0,250 |
| VT3402 KK-NV | 4,60 |
| Wepuran PU4501 | 0,942 |

Mikrofluidikbereich häufig eingesetzt, oft wird dabei das 2-Komponenten-Gießharz Sylgard®184 von Dow Corning Inc. verwendet. Die Komponente „A" beinhaltet das Harz – das sogenannte Präpolymer –, Komponente „B" den Härter bzw. Vernetzer oder („curing agent") [101; 102]. Diese sind gemäß Herstellervorschrift im Massenverhältnis A:B = 10:1 zu mischen. Das Gemisch härtet bei Raumtemperatur aus, durch eine höhere Temperatur lässt sich der Vorgang beschleunigen.

Ein übliches Verfahren zum Fügen von PDMS-Teilen ist das Aktivieren der Oberflächen mit einem Niederdruck-Sauerstoffplasma, wodurch das PDMS nach dem Zusammenbringen irreversibel miteinander oder beispielsweise mit Glas verbunden wird [103]. Dieses Verfahren benötigt eine spezielle technische Ausrüstung, die nicht zur Verfügung stand.

Eine Alternative wurde von MARC UNGER et al. beschrieben. Das verwendete Elastomer ist dabei die Vergussmasse RTV 615 von General Electric Silicones [101; 102]. Die Abkürzung RTV steht für „Room Temperature Vulcanisation", etwa „vernetzend bei Raumtemperatur". Auch Sylgard®184 ist ein RTV-Silikon. RTV 615 wird wie dieses in zwei Komponenten „A" und „B" geliefert. Komponente A enthält PDMS mit Vinylgruppen und einen Platin-Katalysator, Komponente B einen Vernetzer mit Siliziumhydridgruppen. Gemäß Herstellervorschrift werden die Komponenten A und B im Verhältnis 10:1 gemischt, durch Ändern dieses Verhältnisses lässt sich aber ein Überschuss von Vinyl- oder Siliziumhydridgruppen erreichen. Wird eines der zu verbindenden Teile mit dem Verhältnis 30:1 und das andere mit 3:1 hergestellt, kann durch Zusammenbringen und weiteres Heizen der noch nicht vollständig ausgehärteten Einzelteile ebenfalls eine irreversible Verbindung hergestellt werden. [24]

Allerdings weichen die mechanischen Eigenschaften des erhaltenen Elastomers deutlich von dem bei Verwendung des vorgesehenen Verhältnisses von 10:1 ab. Die Mischungsverhältnisse 30:1 und 3:1 führen zu sehr weichen Elastomeren (Abb. 4.11 und Tab. 4.3).

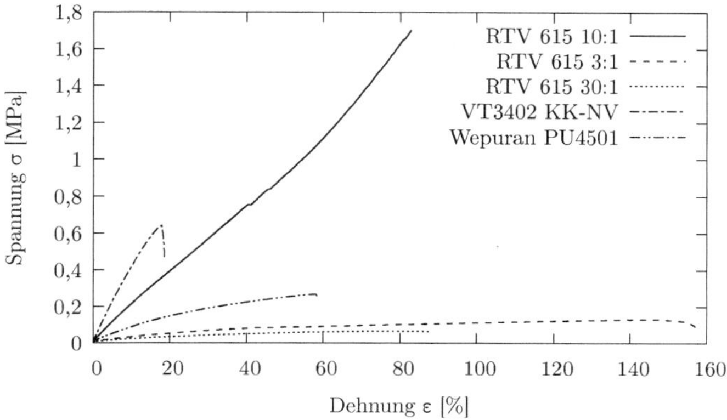



**Abbildung 4.11:** Spannungs-Dehnungs-Diagramme verwendeter Elastomere.

## 4.4.2 Polyurethan

Das charakteristische Merkmal der Polyurethane ist die Urethangruppe (Abb. 4.12).
Diese entsteht mittels einer Additionsreaktion aus einer Isocyanat- und einer Hydroxy-
Gruppe. Eine Vernetzung lässt sich durch Einbau von Multifunktionalitäten erreichen.
[104]

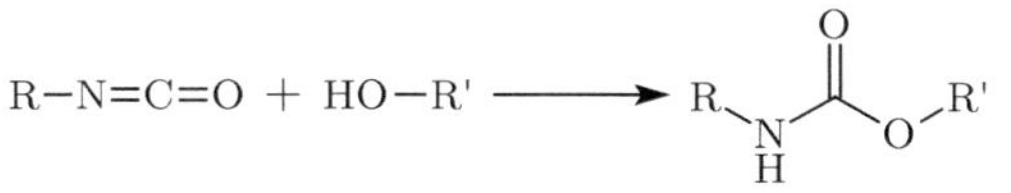

$$R-N=C=O + HO-R' \longrightarrow R\underset{H}{\overset{O}{\underset{N}{\parallel}}}\!\!-C\!\!-O-R'$$

**Abbildung 4.12:** Chemische Struktur und Bildung der Urethangruppe.

Polyurethane sind ebenso wie Polysiloxane prinzipiell biokompatibel und damit auch
für medizinische Anwendungen einsetzbar [105].

Als geeignet für die Fertigung der Prozessoren stellten sich die beiden kalthärtenden
Zwei-Komponenten-Gießharze Bectron® PU 4501 von Elantas Beck und das Wepuran-
Gießharz VT 3402 KK-NV von Lackwerke Peters GmbH heraus.

Das resultierende Elastomer des Systems Bectron® PU 4501 hat ähnliche mechanische
Eigenschaften und ist transparent wie die verwendeten Silikone Sylgard®184 und
RTV 615, allerdings nicht langzeit-UV-stabil. Die möglichen Verfärbungen lassen sich
durch lichtgeschützte Lagerung vermeiden und beeinträchtigen die Funktion nicht.

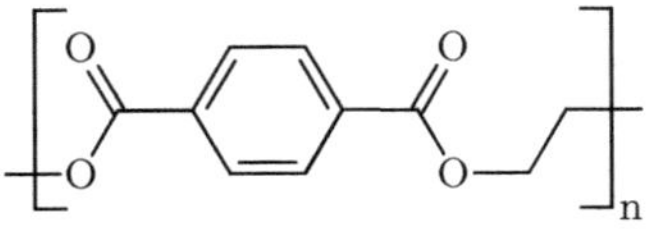

**Abbildung 4.13:** Chemische Struktur von Polyethylenterephthalat.

Eine Ausnahme hierbei bildet die optische Auswertung, für die eine definierte, hohe Transparenz und geringe Einfärbung bedeutsam ist.

Die beiden Komponenten des Gießharzes, das Polymer PU 4501 und der Härter PH 4901, sind im Verhältnis 2:1 zu mischen. Das Aushärten erfolgt bei Raumtemperatur deutlich schneller als bei den genannten Silikonen. Die Topfzeit beträgt etwa dreißig Minuten. Dies stellt höhere Ansprüche insbesondere an die Verarbeitungsgeschwindigkeit. [106]

Das Wepuran-Gießharz VT 3402 KK-NV (kristallklar, niedrigviskos) ist ein PU-Harz, das auch anderweitig für mikrofluidische Anwendungen eingesetzt wird [107; 108]. Es ist etwas härter als PU 4501, Sylgard®184 und RTV 615. Im Gegensatz zum PU 4501 ändern sich die optischen Eigenschaften auch unter UV-Einfluss nicht merklich. Die beiden Komponenten des Harzes sind im Verhältnis 1:1 zu mischen, die Topfzeit beträgt ca. fünfzig Minuten. Somit ist dieses PU-Gießharz sowohl hinsichtlich der Verarbeitung als auch seiner Eigenschaften geeigneter für die Fertigung der mikrofluidischen Aufbauten als PU 4501. [109]

### 4.4.3 Polyethylenterephthalat

Die Elastizität der Gießharze bedingt eine geringe Formstabilität der Strukturen. Damit erschwert sie auch das Fügen der Ebenen und das Handhaben der Prozessoren. Aus diesem Grund wird Polyethylenterephthalat (PET) als Stabilisierung verwendet. PET-Folien lassen sich als Abdeckung beim Gießen verwenden und verkleben bei Verwendung von PU-Gießharz mit den Strukturen. Somit sind diese lateral fixiert und ein passgenaues Fügen der Ebenen ist möglich. Es wurde die Kopierfolie X-10.2 von Folex verwendet.

Die chemische Struktur von PET ist in Abb. 4.13 dargestellt.

# 4.5 Herstellung der strukturierten Ebenen

## 4.5.1 Verarbeitung der Gießharze

Bei der Verarbeitung der vorgestellten 2-Komponenten-Gießharze sind einige Aspekte zu beachten, um zufriedenstellende Ergebnisse zu erhalten. Die im richtigen Verhältnis zusammengeführten Komponenten sind vollständig zu vermischen und eventuell eingebrachte Lufteinschlüsse zu entfernen. Ist die Topfzeit lang und die Viskosität niedrig genug, kann dies durch Anlegen eines Vakuums geschehen. Ist das nicht möglich, ist das Einbringen von Blasen beim Mischen beispielsweise durch Verwendung spezieller Rührer weitestmöglich zu vermeiden. [110]

Die Viskosität nimmt ab dem Zeitpunkt des Mischens infolge der fortschreitenden Vernetzung kontinuierlich zu. Mit Erreichen der Topfzeit sollte die Verarbeitung, d. h. das Gießen in die Form und ein eventuell nötiges Entgasen, abgeschlossen sein. Die Silikon-Gemische lassen sich im Tiefkühlschrank über mehrere Wochen lagern, bei den Harzen auf Polyurethanbasis ist das dagegen nicht möglich.

## 4.5.2 Gießen der Ebenen

**Polydimethylsiloxan** (PDMS) kann wegen seiner geringen freien Oberflächenenergie leicht entformt, d. h. nach dem Aushärten aus der Matrize entnommen werden [98]. Somit ist eine Vielzahl von Materialien für die Matrize verwendbar. Im Rahmen dieser Arbeit konnten die mikrofluidischen Strukturen von PTFE, Aluminium und FR4/Kupfer direkt abgeformt werden. Beim Abformen von Matrizen, deren Strukturen lithografisch aus Lötstopplaminat (LSL) hergestellt wurden, erwies sich die Verwendung eines Trennmittels als vorteilhaft. Damit lässt sich ein Abreißen von LSL-Schichten weitgehend vermeiden.

Nach dem Gießen ist das PDMS im Vakuum bei ca. 30 mbar zu entgasen, bis keine Blasen mehr erkennbar sind. Dies kann bis zu 30 min dauern, teilweise auch länger.

Das Entformen von **Polyurethan** stellt sich schwieriger dar, da es stärker haftet. Aus diesem Grund wurde PDMS (Sylgard®184) für die Matrize verwendet, die wiederum von einer Urform abgeformt wurde. Es wurde beobachtet, dass das Vernetzen an der Grenzfläche zur PDMS-Matrize längere Zeit benötigte, d. h. der Formling an sich schon

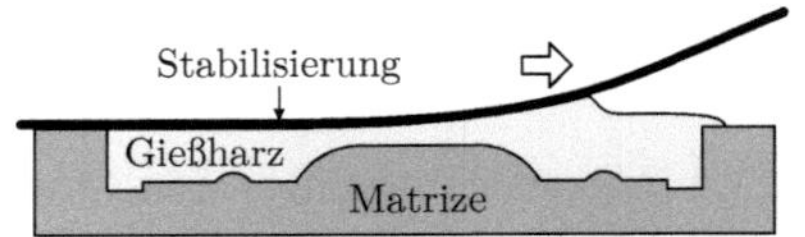


**Abbildung 4.14:** Gießen von Polyurethan-Harz unter Verwendung einer Stabilisierung aus PET-Folie. Die Folie wird so abgerollt, dass sie Harz als Welle vor sich her schiebt, ohne Luft einzuschließen.

ausgehärtet sein kann, während die Oberfläche noch nicht ausgehärtet ist. Dieser Effekt lässt sich beim Fügen ausnutzen.

Beim Gießen des PU-Harzes steht die Vermeidung von größeren Lufteinschlüssen im Vordergrund, da ein späteres Entgasen in der Matrize mittels Vakuum aufgrund der geringeren Topfzeiten nicht möglich ist. Das Gießharz wird an einer Stelle langsam in die Matrize gegeben, so dass es verläuft und sich selbst in der Matrize verteilt. Bei einem zu schnellen Einfüllen bzw. Verteilen des Harzes in der Matrize wird vor allem an Kanten der Strukturen oft Luft eingeschlossen. Es wurde beobachtet, dass kleinere Lufteinschlüsse während des Aushärtens verschwanden. Verbleibende führen zu schlechten optischen Eigenschaften oder sogar zu fehlerhaften Strukturen im Formling. Des weiteren führt auch ein übermäßiges Vorhandensein von Wasser bei der Vernetzungsreaktion zum Entstehen von Kohlenstoffdioxid und damit zu Blasenbildung. Dieser Effekt lässt sich beispielsweise bei hoher Luftfeuchtigkeit beobachten, daher ist eine solche zu vermeiden.

Abb. 4.14 zeigt ein Verfahren, das sich bei Verwendung der Stabilisierung aus einer PET-Folie als vorteilhaft erwies. Nach dem Füllen der Matrize wird die Folie – auch jetzt unter Vermeidung von Lufteinschlüssen – auf die Matrize und das Harz abgerollt. Im nächsten Schritt wird der Aufbau zwischen Glasplatten geklemmt, womit eine definierte, ebene Form gewährleistet wird. Ist die Matrize elastisch, ist ein zu starkes Klemmen und damit ein Verformen der Matrize und des Formlings zu vermeiden.

## 4.5.3 Vernetzung der Harze

Die Gießharze vernetzen schon bei Raumtemperatur, allerdings kann es mehrere Tage dauern, bis der Vorgang abgeschlossen ist. Durch hohe Temperaturen wird die Vernetzung beschleunigt und erfolgt bei beispielsweise 70 °C innerhalb weniger Stunden. Geeignete Zeiten und Temperaturen für die verschiedenen Gießharze sind in Tab. 4.4 aufgeführt. Insbesondere die Zeiten für das teilweise Vernetzen sind nur

**Tabelle 4.4:** Temperaturen und Dauer für teilweises und vollständiges Aushärten der Gießharze.

| Gießharz | teilweise | vollständig |
|---|---|---|
| Sylgard®184 | | mind. 2 h bei 80 °C |
| RTV 615 | ca. 1 h bei 70 °C | mind. 2 h bei 70 °C |
| Bectron® 4501 | ca. 1 h bei 70 °C | mind. 2 h bei 70 °C |
| Wepuran 3402 KK NV | 1 h 25 min bei 60 °C | mind. 2 h bei 60 °C |

Richtwerte, da sich die dazu nötige Dauer in Abhängigkeit von der Verarbeitungszeit, den Umgebungsbedingungen u. a. ändern kann.

## 4.6 Herstellung der Trennmembran

Die **PDMS-Trennmembran** wurde durch Rotationsbeschichten des Gießharzes RTV 615 hergestellt. Die hohe Viskosität des Harzes erschwert ein gleichmäßiges Beschichten.

Abb. 4.15 zeigt den Drehzahlverlauf des dafür optimierten Programms des Rotationsbeschichters. Während der ersten Plateau-Phase bei 250 1/min wird das Harz spiralförmig über das gesamte Substrat verteilt. Beim anschließenden langsamen Erhöhen der Drehzahl bildet sich aufgrund der Zentrifugalkräfte ein geschlossener Film. Ein Großteil dessen wird bei der Drehzahl von 2000 1/min über einen Zeitraum von 100 s abgeschleudert, so dass ein dünner, immer noch geschlossener Film zurückbleibt.

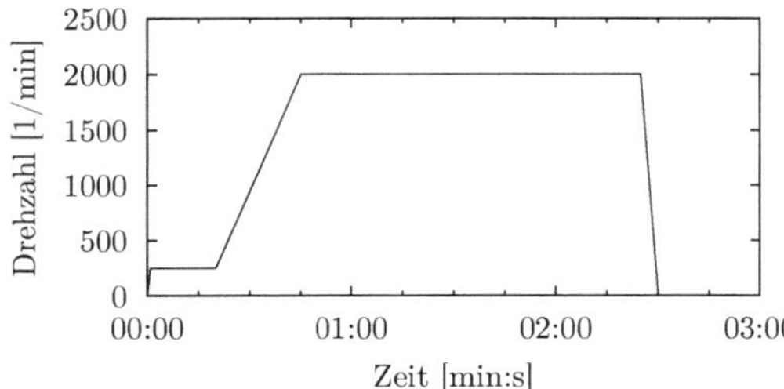


**Abbildung 4.15:** Programm zur Herstellung von PDMS-Membranen mittels Rotationsbeschichten. Es wurde der Spin Coater G3P-8 von SCS Specialty Coating Systems verwendet.

Als Substrat wurde ein kreisrunde Platte aus Polyethylen mit einem Durchmesser von 16 cm und einer Dicke von 5 mm eingesetzt. Schon geringe Störungen auf der Oberfläche des Substrates, insbesondere Staubpartikel, können ein gleichmäßiges Beschichten verhindern. Daher erfolgte das Rotationsbeschichten in einer Staub reduzierenden Laminar-Flow-Box.

Für die Prozess- und die Aktorebene wurde in der Regel RTV 615 mit einem Vernetzerverhältnis von 1:30 verwendet. Aus diesem Grund kam für die Herstellung der Membran RTV 615 mit dem Vernetzerverhältnis von 1:3, somit einem hohen Härter-Überschuss, zum Einsatz.

Nach dem Rotationsbeschichten ist das Substrat mit dem noch unvernetzten PDMS bei 70 °C mindestens 20 min im Trockenschrank zu lagern, dies bewirkt eine geringe Vernetzung. Die nötige Zeit kann länger ausfallen, so dass eine Kontrolle des Vernetzungszustands nötig ist, beispielsweise durch Prüfen der Oberfläche mit einem Spatel.

Eine höhere Festigkeit der Membran lässt sich durch das Aufbringen einer weiteren Schicht auf die noch nicht vollständig vernetzte erste Schicht erreichen.

Nach dem Vernetzen kann die hergestellte Membran vorsichtig vom Substrat abgezogen und beispielsweise auf einem Spannrahmen gespannt werden. Es empfiehlt sich, die Membran staubgeschützt auf dem Substrat zu belassen, bis die Weiterverarbeitung erfolgt.

Bei **Verwendung von Polyurethan-Gießharzen** wurde die separate Trennmembran nicht selbst hergestellt, sondern eine kommerziell erhältliche thermoplastische PU-Elastomerfolie eingesetzt: Platilon® U (früher Wepuran) 4201 AU mit einer Dicke von 25 µm von der Epurex Films GmbH [111]. Diese ist deutlich reißfester als die selbst hergestellten Membranen aus PDMS, so dass die Verarbeitung einfacher ist. Auch lassen sich die Membranen stärker vorspannen. Dies stellt einen großen Vorteil von PU- gegenüber PDMS-basierten Systemen dar.

## 4.7 Quellmittelversorgung

Wird eine separate QMV-Ebene verwendet, so soll diese einen guten und großflächigen Quellmitteltransport vom und zum als Aktor eingesetzten Hydrogel ermöglichen. Kommen Partikel als Gelaktoren zum Einsatz, muss die Ebene zusätzlich die Fixierung dieser Partikel sicherstellen. Die QMV-Ebene soll möglichst dünn sein. Dies

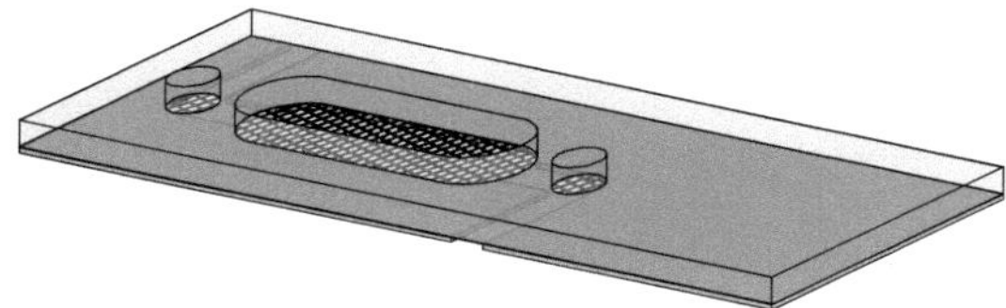

**Abbildung 4.16:** Vorschlag für eine Quellmittelversorgung mit besserer Fixierung des Aktormaterials.

ist insbesondere wichtig, wenn sie sich zwischen elektrothermischer Schnittstelle und Aktorebene befindet, da sie die Wärmeübertragung und damit die Ansteuerung der Aktoren behindert. Die geringe Höhe erfordert wiederum die Fähigkeit, das Quellmittel auch lateral transportieren zu können.

Gaze ist ein vergleichsweise dünnes und stabiles Gewebe mit großen Zwischenräumen, das sowohl Gelpartikel fixieren kann als auch guten vertikalen und lateralen Wassertransport ermöglicht. Allerdings gestaltet sich die Verklebung schwierig und es besteht die Gefahr, dass das Hydrogel bei höheren Füllgraden aus den Aktorkammern herausgedrückt wird. Eine Alternative ist in Abb. 4.16 dargestellt. Sie erfordert eine zusätzliche strukturierte Ebene mit Öffnungen an den Aktorkammern, die im Rahmen der Arbeit nicht realisiert wurde.

## 4.8 Verbinden der Ebenen

Die einzelnen Ebenen und Teile des Prozessors (Prozess-, Aktor- und QMV-Ebene, Trennmembran und evtl. Stabilisierung) müssen sich verbinden, d. h. fügen lassen. Die Elemente sind flächig zu verbinden, also zu kleben bzw. zu verschweißen. Dabei dürfen die mikrofluidischen Strukturen nicht verschlossen werden. Dies erschwert das Verwenden zusätzlicher (fließfähiger) Klebstoffe, da einerseits kein Klebstoff in die Strukturen gelangen darf, andererseits aber ein lückenloses Verbinden der Ebenen gewährleistet sein muss. Je nach verwendeten Materialien sind verschiedene Fügetechniken anzuwenden.

Das Verkleben unpolarer polymerer Werkstoffe, wie es beispielsweise auch Polyolefine sind, ist generell schwierig [112]. Das Siloxan-Gerüst der PDMS-Kette ist zwar stark polar, allerdings wird es durch die frei drehbaren, unpolaren Methylgruppen abgeschirmt, so dass das PDMS insgesamt unpolar wirkt [113]. Dies erklärt, warum eine Oberflächenbehandlung nötig oder ein gleichartiger Klebstoff/Klebpartner zu verwenden ist.

Ersteres kann durch die Oberflächenaktivierung im Niederdruck-Sauerstoffplasma – das im Rahmen der Arbeit nicht zur Verfügung stand – erreicht werden, letzteres durch das Nutzen verschiedener Vernetzerverhältnisse (siehe Kap. 4.4.1).

Dazu ist eines der zu verbindenden Elemente mit Härterüberschuss (Vernetzerverhältnis 1:3) und eines mit Härtermangel (Vernetzerverhältnis 1:30) zu fertigen. Beide dürfen nicht vollständig ausgehärtet werden, müssen aber bereits formstabil sein, d. h. sie müssen elastisch, aber nicht mehr plastisch verformbar sein. Dies wurde durch Berühren der Oberfläche mit einem Spatel überprüft. Die Oberfläche muss noch klebrig sein und muss wieder die ursprüngliche Form annehmen. Werden die Elemente nun in Kontakt gebracht und ist das Aushärten abgeschlossen (bei 80 °C über 2 h oder länger), entsteht eine irreversible Verbindung.

Eine irreversible Klebung lässt sich auch mit handelsüblichem, acetatvernetzendem Silikondichtstoff erreichen. Wegen der pastösen Beschaffenheit ist er nicht für die Verbindung der strukturierten Ebenen nutzbar, kann aber z. B. zur Fixierung von (Silikon-)Schläuchen eingesetzt werden.

Da sowohl das verwendete PDMS als auch das Polyurethan vernetzt sind, scheidet ein Lösungsmittel- bzw. Diffusionskleben aus [112].

Polyurethan ist im Gegensatz zu PDMS polar und findet selbst als Klebstoff Anwendung [112; 114]. Dies erklärt auch die gute Haftung des PU-Gießharzes an der PET-Stabilisierung und an der PU-Membran. Der in Kap. 4.5.2 erwähnte Effekt des verzögerten Aushärtens an der mit der PDMS-Matrize in Kontakt stehenden Oberfläche ermöglicht das Kleben bzw. Verschweißen der strukturierten Ebene ohne zusätzlichen Klebstoffauftrag. Dazu wird die Ebene mit der separaten gespannten oder in die zweite Ebene integrierten Membran in Kontakt gebracht und zusammengepresst bei 80 °C über mindestens 2 h vollständig ausgehärtet.

Tab. 4.5 zeigt eine Zusammenfassung der verschiedenen Fügetechniken. Für das Verbinden der strukturierten Ebenen ist das Schweißen geeignet, da dabei kein zusätzlicher Klebstoff zu applizieren ist. Die Gießharze auf Basis von PU bieten den Vorteil, dass zum einen eine feste Verbindung mit anderen Kunststoffen wie PET möglich ist und zum anderen das spezifizierte Mischungsverhältnis der beiden Komponenten genutzt werden kann. Das vermeidet eine Verschlechterung insbesondere der mechanischen Eigenschaften, wie es beim RTV 615 auftritt.

**Tabelle 4.5:** Fügetechniken für die PDMS- und PU-Gießharze und ihre Eignung für das Verbinden der mikrostrukturierten Ebenen.

| Gießharz | Fügetechniken | geeignet | mit anderen Stoffen |
|---|---|---|---|
| PDMS | Verschweißen nach Vorbehandlung mit Nieder-druck-Sauerstoffplasma | $-^1$ | (ja)[2] |
|  | Verkleben mit Silikondichtstoff | (nein) | (ja)[2] |
|  | verschiedene Konzentrationen (RTV 615) | ja | nein |
| PU | Kleben | (nein) | ja |
|  | Verschweißen | ja | ja |

[1] nicht verfügbar

[2] beispielsweise Glas

## 4.9 Integration der Hydrogelaktoren

Nach dem Fertigen der mikrofluidischen Strukturen müssen die Hydrogelaktoren in die vorgesehenen Positionen, also in die Pumpenkammern und die Ventile, eingebracht werden. Für die Integration der Aktoren kommen verschiedene Varianten in Frage:

- Einbringen als vorgeformte Bulk-Gele

- Einbringen von Partikeln

- *in-situ*-Polymerisation bzw. Vernetzung.

### 4.9.1 Bulk-Gele

Eine einfache Methode ist das Einlegen geformter Bulk-Gelaktoren. Diese lassen sich bereits in den benötigten Abmessungen fertigen (siehe Kap. 3.4). Aufgrund der durch lange Diffusionswege bedingten geringen Aktorgeschwindigkeit eignet sich das Verfahren vor allem für kleinere Aktoren. Für den Mikrofluidikprozessor sind dies die Ventilaktoren, weniger die Pumpenaktoren.

## 4.9.2 Partikel

Für die Pumpenaktoren empfehlen sich aus dem genannten Grund Partikel, auf deren Herstellung in Kap. 3.5 und 3.6 eingegangen wurde. Dafür ist das Abmessen und Einfüllen der Partikel notwendig. Für das Dosieren existieren grundsätzlich drei Möglichkeiten.

Die Partikel können zum einen nach Anzahl der Partikel abgemessen, also abgezählt werden. Diese Methode ist für die Pumpenkammer nicht praktikabel, da eine große Anzahl von Partikeln je Kammer nötig ist. Eine sehr geringe Anzahl von Partikeln wird dagegen für die Ventile benötigt. Dies erfordert, dass die Partikel in ihren Eigenschaften nur gering voneinander abweichen oder mindestens so viele Partikel genutzt werden können, dass sich etwaige Abweichungen statistisch ausgleichen.

Für größere Mengen und daher für Pumpenkammern zweckmäßige Methoden sind das Abmessen nach Volumen oder Masse. So ist es vorstellbar, eine Art Schablone zu verwenden und die Partikel mit Hilfe eines Rakels in die nicht abgedeckten Aktorkammern zu verteilen. Dabei wird das Volumen durch die Aktorkammern definiert. Durch Verwenden teilweise gequollener Partikel kann die Menge des eingebrachten Hydrogels je Volumen definiert werden. Auch wird der Rakelvorgang vereinfacht, da sich die trockenen Partikel schlechter verarbeiten lassen. Ein definierter Quellungszustand der Partikel lässt sich beispielsweise herstellen, indem eine definierte Masse trockener Partikel in ein definiertes Volumen Quellmittel gegeben wird. Der definierte Zustand ist erreicht, wenn das Quellmittel vollständig aufgenommen wurde. Gelegentliches Rühren unterstützt ein gleichmäßiges Quellen der Partikel.

Für den Aufbau der Prototypen des Prozessors wurden die Partikel nach Volumen abgemessen, allerdings nicht gerakelt. Dazu wurde wie beschrieben ein definierter Quellungsgrad hergestellt und Kammern in Form der Pumpenkammern, jedoch mit größerer Höhe, mit dieser pastösen Masse gefüllt. Diese wurde danach im Trockenschrank erhitzt und das nach dem Entquellen der Partikel überschüssige Wasser mit Hilfe saugfähiger Tücher oder Verdunstung teilweise entfernt. Nach dem Abkühlen enthielt jede Kammer eine definierte Menge leicht gequollener Gelpartikel, die manuell in die jeweiligen Pumpenkammern platziert wurde.

Die Handhabbarkeit der Masse lässt sich deutlich verbessern, indem ihr etwas Wasser zugegeben wird. Nach der vollständigen Aufnahme des Quellmittels wird sie wieder sehr klebrig, so dass das Verarbeiten sofort nach der Zugabe erfolgen sollte.

Schon einzelne deplatzierte Partikel können ein korrektes Verbinden der mikrostrukturierten Ebenen verhindern. Das Problem lässt sich lösen, indem man die Partikel von der QMV-Seite her einfüllt, wenn Membran und Aktorebene bereits verbunden sind. Bei Integration der Trennmembran in die Aktorebene ist dies ohnehin die einzige Möglichkeit. Das Aufbringen der Gaze ist in dieser Hinsicht weniger kritisch.

### 4.9.3 Herstellung *in situ*

Die *in-situ*-Herstellung bezeichnet das Polymerisieren bzw. Vernetzen der Gelaktoren direkt im Prozessor. Die Strukturierung erfolgt dabei lithografisch. Das entsprechende Verfahren, die Fotopolymerisation, ist in Kap. 3.3.2 beschrieben.

Ein großer Vorteil dieses Ansatzes ist, dass dabei alle Hydrogelaktoren im Prozessor parallel hergestellt werden können. Prinzipiell werden dabei Bulk-Gele erzeugt. In Grenzen lassen sich die Gelkörper selbst auch strukturieren, um die Oberfläche und damit die Quell- und Entquell-Geschwindigkeit zu erhöhen. Ein Nachteil ist, dass die Polymerisation nicht ohne Weiteres in der Höhe begrenzt werden kann, so dass bei dem vorgeschlagenen Aufbau unter den Aktorkammern der Pumpen auch Gel in der Gaze der QMV-Ebene synthetisiert würde. Damit erfüllt sie ihren Zweck, das Quellmittel großflächig zu- und abzuführen, nicht mehr. Geeignet ist das Verfahren daher entweder bei seitlicher Zufuhr des Quellmittels, wie es bei Verzicht auf eine separate QMV-Ebene der Fall wäre, oder für die Herstellung der Ventilaktoren direkt in der Prozessebene (siehe Abb. 6.2c und 6.2d auf Seite 97).

Bei letzterem ergibt sich allerdings ein weiteres Problem: Die Haftung von *in situ* polymerisiertem Hydrogel am Polyurethan. Bei Einsatz als Ventilaktor in der Prozessebene (PE) befindet sich der Gelkörper in einer (weitgehend) starren Kammer, die er im geschlossenen Zustand verschließen soll. Im geöffneten Zustand muss der Gelaktor ein Durchströmen ermöglichen. Da das Hydrogel am PU haftet, ist dies entweder nicht gegeben oder aber das Gel reißt beim Entquellen. Ersteres macht das Ventil völlig unbrauchbar, letzteres bringt auch Probleme: Das Reißen erfolgt in der Regel nicht definiert, außerdem kann es zu einem Fortspülen von abgerissenen Teilen des Gelkörpers kommen, so dass die Funktion des Ventils ebenfalls in undefinierter Weise beeinträchtigt wird.

An unbehandeltem PDMS haftet NIPAAm hingegen nicht, allerdings lässt es sich in kleinen Volumina aufgrund der Hydrophobie und daraus resultierender Grenzflächeneffekte mit der hydrophilen Reaktionslösung nicht ohne Weiteres polymerisieren [71]. Dieser Effekt könnte beispielsweise genutzt werden, um eine Gelbildung in der Gaze zu verhindern, in dem diese ebenfalls hydrophobisiert wird.

Eine optimale Lösung wäre, die betreffende PU-Oberfläche teilweise zu behandeln, so dass das Gel an einer Seite haftet, an den restlichen nicht. Auf diese Weise ist es fixiert, kann aber frei entquellen.

Eine weitere Schwierigkeit ergibt sich bei der Fotopolymerisation in komplexen mikrofluidischen Netzwerken. Die Aktorkammern müssen vollständig mit der Monomerlösung befüllt werden und die restliche Monomerlösung nach der Vergelung schnell und vollständig entfernt werden, beispielsweise durch gründliches Spülen mit Wasser. Sonst käme es aufgrund der erzeugten freien Radikale mit der Zeit auch zur Gelbildung an Orten, an denen dies nicht erwünscht ist. Durch ein Erwärmen des gesamten Prozessors über die Phasenübergangstemperatur der Gele entquellen diese, was das Entfernen der überschüssigen Monomerlösung erst ermöglicht. Um die *in-situ*-Herstellung auch in verzweigten, prinzipiell nur schwer spülbaren Prozessoren anwenden zu können, könnten zusätzliche Kanäle und Ein- und Ausgänge vorgesehen werden, die nur für die Polymerisation genutzt werden.

Wegen der dargestellten Probleme wird die *in-situ*-Polymerisation im Rahmen dieser Arbeit nicht für den mikrofluidischen Prozessor genutzt. Das Parallelisieren der Aktorherstellung und der Umstand, dass eine zusätzliche Integration nicht erforderlich ist, macht diese Art der Polymerisation allerdings sehr interessant für zukünftige Entwicklungen.

## 4.10 Elektrothermische Schnittstelle

Wie der Name besagt, soll die Elektrothermische Schnittstelle (ETS) elektrische Energie in thermische Energie umwandeln. Sie dient der Steuerung der Temperatur der Hydrogelaktoren der einzelnen aktiven mikrofluidischen Elemente und damit ihres Quellungszustands.

Die Energieumwandlung kann einerseits durch passive Heizelemente wie ohmsche Widerstände, andererseits durch aktive Elemente wie Transistoren (und evtl. direkt an diese angeschlossene Widerstände) erfolgen. Die Verwendung aktiver Elemente bietet den Vorteil, dass die einzelnen Elemente lediglich mit einer geringen elektrischen Leistung angesteuert werden. Die Übertragung der zum Heizen benötigten elektrischen Leistung kann unabhängig davon mittels Versorgungsleitungen erfolgen, an die zahlreiche solche Elemente angebunden sind. Damit ist eine hohe Integration möglich.

Bei passiven Widerstandsnetzwerken erfolgt die Energieübertragung dagegen direkt zu jedem Heizelement. Dies erfordert entsprechend dimensionierte Leitungen, d. h. in der Praxis ausreichend breite Leiterbahnen. Damit steigt der Flächenbedarf für die Ansteuerung der einzelnen Heizelemente.

Die passiven Heizelemente können auf verschiedene Arten realisiert werden:

- als diskrete (SMD-)Bauelemente
- als Flächenwiderstände beispielsweise mittels Dickschichttechnologie oder Ink-Jet-Druck
- als Heizmäander beispielsweise mittels Dünnschichttechnologie oder Ink-Jet-Druck.

Die Form der Flächenwiderstände und Heizmäander kann an die Aktorelemente angepasst werden, außerdem benötigen sie kaum Bauraum in der Höhe. Damit lassen sich insgesamt sehr flache Schnittstellen und somit Prozessoren herstellen.

Die Dünnschichttechnologie ist allerdings vergleichsweise teuer, und die Dickschichttechnologie erfordert ein Abgleichen der Widerstände. Die Verwendung diskreter Widerstands-Bauelemente ermöglicht die Nutzung üblicher Technologien zur Leiterplattenherstellung und empfiehlt sich insbesondere zur schnellen Herstellung von Prototypen.

Das Schalten der Heizleistung und damit die Steuerung des Prozessors erfolgt separat von der Schnittstelle. Auf die Details wird in Kap. 5.2 eingegangen.

Weiterhin sind zwei Konzepte zu unterscheiden: Zum einen kann die Schnittstelle in den Prozessor integriert, zum anderen als separate Baugruppe hergestellt und genutzt werden. Abgesehen von den technologischen Unterschieden wirken sich die Konzepte vor allem auf das Gesamtgerät und dessen Bedienung aus.

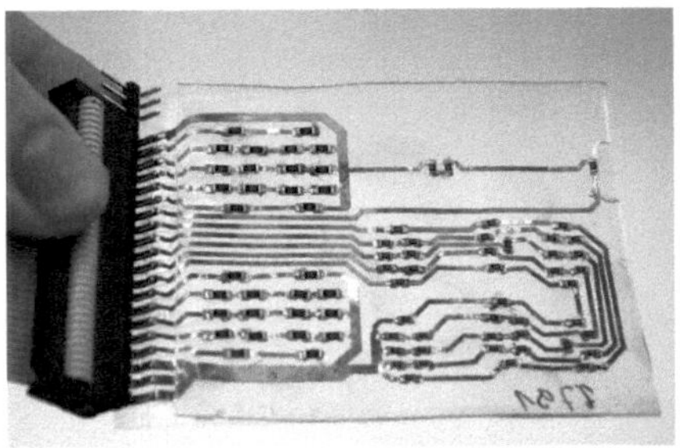 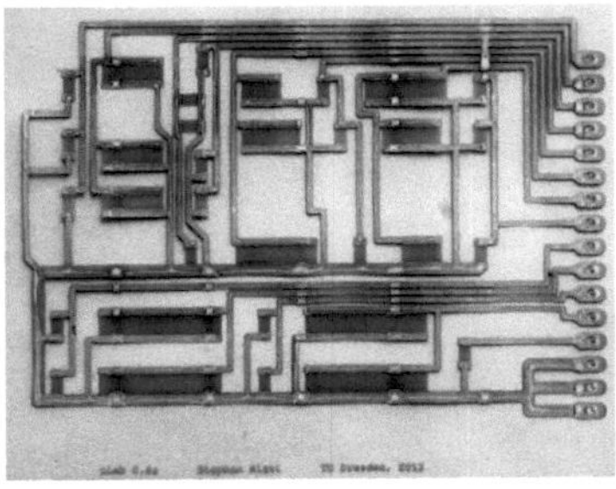

(a) In Kupfer geätzt           (b) Ink-Jet-Druck

**Abbildung 4.17:** Mittels verschiedener Technologien hergestellte, teilweise transparente, flexible elektrothermische Schnittstellen.

### 4.10.1 Transparenz

Vorteil eines transparenten mikrofluidischen Prozessors ist vor allem die Möglichkeit, die Vorgänge in seinem Innern optisch verfolgen zu können. Für die optische Auswertung durch Transmissionsmessungen ist sie an den betreffenden Elementen des Prozessors notwendig, wobei auch andere Lösungen wie definiert spiegelnd oder diffus reflektierende Beschichtungen vorstellbar sind. Im einfachsten Fall sind für das Erreichen einer „Transparenz" Aussparungen in der ETS beispielsweise an den Beobachtungskammern vorzusehen.

Während der Entwicklung oder für höher integrierte mikrofluidische Prozessoren ist hingegen eine möglichst weitgehende Transparenz wünschenswert, die eine Beobachtung des gesamten Prozessors vereinfacht. Eine vollständige Transparenz erfordert auch transparente leitfähige Schichten. Solche Schichten können beispielsweise aus TCO-Materialien (transparente, elektrisch leitfähige Oxide) wie Indiumzinnoxid (ITO) bestehen, welche aus der Solarzellen- und TFT-Fertigung bekannt sind [115].

Abb. 4.17a zeigt eine mit klassischer Leiterplattentechnologie hergestellte teil-transparente ETS. Dazu wurde eine selbstklebende Kupferfolie auf eine PET-Folie aufgeklebt, wie sie auch als Stabilisierung eingesetzt wird. Die verwendete Kupferfolie mit einer Dicke von 50 µm wurde von der Eurofol GmbH bezogen und ist mit dem Kleber EF 8791 beschichtet. Nach dem Aufkleben lässt sich das Kupfer wie auf gewöhnlichem FR4 fotolithografisch strukturieren und ätzen. Als Heizelement wurden SMD-Widerstände aufgelötet, wobei allerdings der verwendete Kleber seine Klebfähigkeit vorübergehend verlor, so dass es zur Verschiebung einzelner Leiterbahnen kam. Daher ist insbesondere bei kurzen Leiterbahnen ein manuelles Fixieren bzw. Korrigieren notwendig. Es empfiehlt sich ein Ausgleichen der Höhenunterschiede durch Vergießen der Widerstände beispielsweise mit PDMS. Neben der einfachen (Prototypen-)Fertigung ist die Nutzbarkeit von Kupfer und damit dessen elektrischer Leitfähigkeit und Robustheit ein Vorteil dieser Methode.

Eine mittels Ink-Jet-Druck hergestellte, auch teil-transparente ETS ist in Abb. 4.17b dargestellt. Hierbei wurde silberhaltige, leitfähige Tinte mittels eines Labordruckers auf ein PET-Substrat gedruckt [116]. Diese so gefertigten Leiterbahnen und Widerstandsflächen erwiesen sich für die erforderlichen elektrischen Leistungen und Temperaturen allerdings als nicht ausreichend stromfest. Aus diesem Grund wurden sie nicht für den Prozessor verwendet. Nichtsdestotrotz hat die Ink-Jet-Technologie ein sehr großes Potenzial für die Fertigung insbesondere integrierter elektrothermischer Schnittstellen.

## 4.10.2 Integrierte Schnittstelle

Die in dieser Arbeit vorgestellten mikrofluidischen Prozessoren auf Polymerbasis sind prinzipiell darauf ausgelegt, zum einen kostengünstig in der Herstellung zu sein und zum anderen nach Verwendung und Kontamination problemlos entsorgt werden zu können. Diesem Anspruch muss auch eine integrierte Schnittstelle gerecht werden.

Optimal ist daher ebenfalls eine polymerbasierte integrierte Schnittstelle, die in Zukunft beispielsweise mit der vorgestellten Ink-Jet-Technologie gefertigt werden könnte.

Alternativ lassen sich elektrische Komponenten wie Heizdrähte und Temperatursensoren durch Einspritzen und Trocknen von Leitpasten auch direkt in mikrofluidischen Kanälen fertigen [117].

## 4.10.3 Externe Schnittstelle

Da eine externe Schnittstelle problemlos wiederverwendet werden kann, spielen Fertigungstechnologie und Materialbasis eine geringere Rolle.

Speziell für bestimmte mikrofluidische Prozessoren hergestellte Schnittstellen sind nicht für beliebige andere Prozessoren verwendbar. Somit muss bei Einsatz verschiedener Prozessoren die jeweils passende ETS verwendet werden. Dies wirkt sich negativ auf die Bedienung aus und eröffnet unnötig Fehlerquellen. Lösen ließe sich das Problem mit einer universellen Matrix, mit deren Hilfe die Temperatur an beliebigen Orten geregelt werden könnte. Dazu müsste der Steuereinheit lediglich zusätzlich bekannt sein, wo sich welches Element befindet. Für eine solche Matrix würden sich wegen der besseren Integrierbarkeit aktive Heizelemente anbieten.

Aufgrund der Robustheit und einfachen Realisierbarkeit wurde für die Untersuchungen am mikrofluidischen Prozessor eine externe ETS mittels klassischer kupferkaschierter Leiterplatte und SMD-Widerständen aufgebaut. Die Widerstände wurden in Polyurethan eingegossen, um eine plane Oberfläche zu gewährleisten.

## 4.11 Varianten des Prozessoraufbaus

Im folgenden werden die grundlegenden Arbeitsschritte mehrerer Fertigungsvarianten vorgestellt.

### Herstellen eines Prozessors aus Polydimethylsiloxan

1. Herstellen der *Matrize* der Prozessebene mittels (Hybrid-)Leiterplattentechnologie und die der Aktorebene mittels Fräsen

2. Abformen der Prozess- und der Aktorebene (PDMS: RTV, Vernetzerverhältnis 1:30) aus den gefertigten Matrizen

3. Herstellen der elastischen Membran (PDMS: RTV, Vernetzerverhältnis 1:3) mittels Rotationsbeschichten

4. Verschweißen von Prozess- und Aktorebene mit der gespannten Membran. Werden wie in Abb. 4.18 dargestellt in die Prozessebene integrierte Ventilaktoren verwendet, sind diese vorher einzubringen

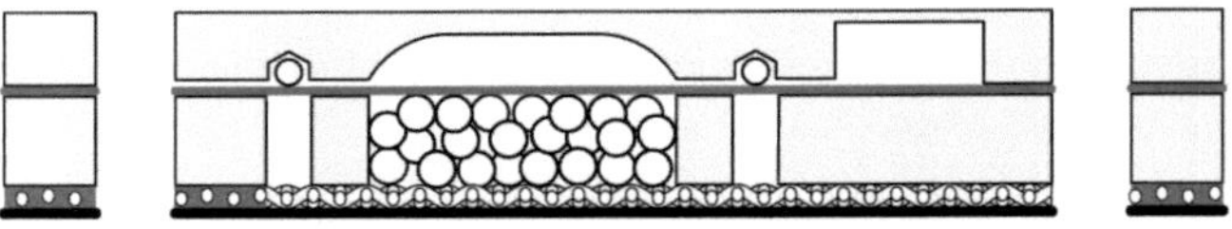

**Abbildung 4.18:** Schematischer Aufbau eines Prozessors aus PDMS, hier mit Ventilaktoren in der Prozessebene dargestellt.

## Herstellen eines Prozessors aus Polyurethan und Verwendung einer vorgespannten Polyurethan-Membran

1. Herstellen der *Urform* der Prozessebene mittels (Hybrid-)Leiterplattentechnologie und die der Aktorebene mittels Fräsen

2. Abformen der Matrizen (PDMS: Sylgard®184) aus den Urformen

3. Abformen der Prozessebene (PU) aus der PDMS-Matrize auf eine PET-Folie und Verkleben/Verschweißen mit der vorgespannten PU-Membran

4. Abformen der Aktorebene (PU) aus der PDMS-Matrize und Verkleben/Verschweißen mit der bereits mit der Prozessebene verbundenen Membran

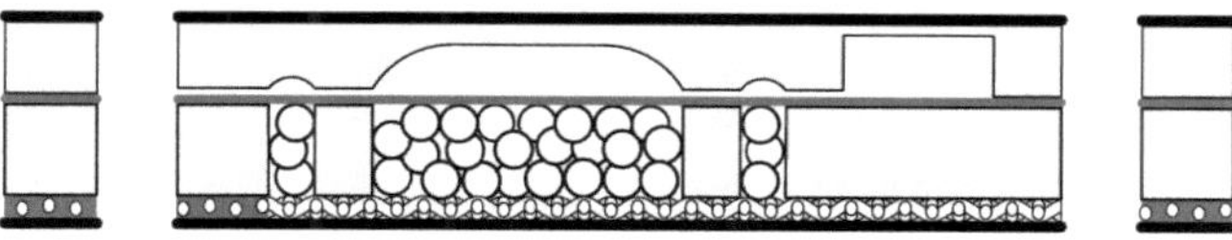

**Abbildung 4.19:** Schematischer Aufbau eines Prozessors aus Polyurethan mit vorgespannter Membran.

## Herstellen eines Prozessors aus Polyurethan ohne Verwendung einer separaten Membran

1. Herstellen der *Urform* der Prozessebene mittels (Hybrid-)Leiterplattentechnologie und die der Aktorebene mittels Fräsen

2. Abformen der Matrizen (PDMS: Sylgard®184) aus den Urformen

3. Abformen der Aktorebene (PU) aus der PDMS-Matrize bereits mit Membran

4. Einbringen der Ventilaktoren in die vorgesehenen Kammern in der Prozessebene

5. Abformen der Prozessebene (PU) aus der PDMS-Matrize auf eine PET-Folie und Verkleben/Verschweißen mit der Aktorebene.

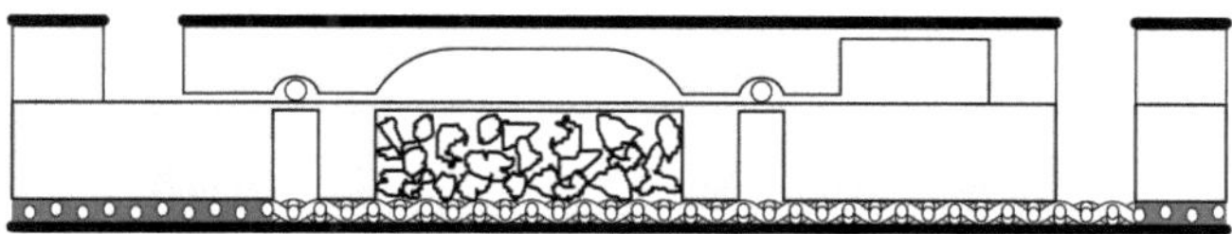

**Abbildung 4.20:** Schematischer Aufbau eines Prozessors aus Polyurethan ohne Verwendung einer separaten Membran. Variante ohne durchgehende fluidische Anschlüsse und mit Ventilaktoren in der Prozessebene.

Bei allen Varianten sind zusätzlich diese Arbeitsschritte nötig:

- Einbringen der Hydrogelaktoren in die Aktorkammern
- Verschließen der Aktorkammern mit der QMV-Ebene (Verkleben von Gaze und PET-Folie).

## Eignung für den mikrofluidischen Prozessor

Als geeignetster Aufbau insbesondere hinsichtlich Fertigung und Zuverlässigkeit erwies sich der in Abb. 4.20 gezeigte, bestehend aus Polyurethan und mit integrierter Membran. Dieser Ansatz wurde letztendlich für die abschließenden Untersuchungen des Gesamtsystems verwendet. Als Fertigungstechnologie für die Urform der Prozessebene wurde die Hybridtechnologie gewählt, bei der die Kanalstrukturen fotolithografisch in Kupfer hergestellt und die Kammern gefräst wurden. Die Urform für die Aktorebene wurde in Aluminium gefräst. Die fluidischen Anschlüsse wurden durch Stanzen der Prozessebene vor dem Fügen eingebracht und sind somit nicht durchgehend. Kap. 7.3 enthält Aufnahmen der Urformen und der gefertigten Elemente.

Als vorteilhaft gegenüber anderen Varianten bestätigte sich bzw. stellte sich unter anderem heraus:

- Die Fertigung einer Urform für die Prozessebene anstelle einer Matrize erhöht neben der besseren Eignung von Kupfer zusätzlich die Standzeiten, da die Kanäle als Vertiefungen statt als schmale Erhebungen ausgeführt sind
- Aus einer Urform können günstig mehrere Matrizen hergestellt werden
- Die integrierte Membran ist stabil, Undichtigkeiten und Ablösen der Membran von der Aktorebene sind ausgeschlossen, des weiteren entfällt ein zusätzlicher Arbeitsschritt
- Das Fügen der PU-Formlinge (Prozess- und Aktorebene) war zuverlässig möglich
- Die Verwendung von Polyurethan ermöglicht den Einsatz der PET-Stabilisierung, die zu gut handhabbaren und stabilen Prozessoren führt
- Die durch Fräsen hergestellten tiefen Pumpenkammern verhindern im Zusammenspiel mit vergleichsweise hohen Rückstellkräften der flexiblen Membran das Festkleben der Membran in der Kammer

# 5 Steuerung

## 5.1 Varianten

Die Ansteuerung der temperatursensitiven Hydrogele und damit der auf ihnen basierenden Aktoren ist durch die Einstellung verschiedener Größen möglich:

- Verfügbarkeit eines Quellmittels
- Zusammensetzung des Quellmittels
- Temperatur.

Die ersten beiden Ansätze ermöglichen im Zusammenspiel mit kontrollierter Diffusion das Herstellen automatischer und hilfsenergiefreier mikrofluidischer Prozessoren. Das abzuarbeitende Programm wird dabei konstruktiv festgelegt. Die Steuerung mittels der Temperatur erfordert zwar zusätzliche Energie, hat aber hinsichtlich des Programmablaufs mehrere Vorteile. Zum einen bietet sie eine höhere Flexibilität, zum anderen eine höhere Toleranz gegenüber Unregelmäßigkeiten des Zeitverhaltens der einzelnen Hydrogelaktoren. Der Grund für letzteres ist, dass Abweichungen im zeitlichen Verhalten der Gele keinen Einfluss auf die nächsten Schritte des abzuarbeitenden Programms haben, da die Steuerung extern erfolgt. Den zeitlichen Abweichungen lässt sich durch Pufferzeiten im Programmablauf begegnen.

Die Temperatur an den einzelnen Aktoren lässt sich ebenfalls auf mehrere Arten einstellen. Elektrothermische Wandler, im einfachsten Fall ohmsche Widerstände, lassen sich mit geringem Aufwand realisieren und sind in den mikrofluidischen Prozessor integrierbar. Eine weitere Möglichkeit ist die sogenannte optoelektrothermische Ansteuerung [58]. Bei ihr wird mithilfe einer starken Lichtquelle ein Bild auf das Substrat projiziert und dieses Licht in Wärme umgewandelt. Dies ermöglicht eine auf anderem Wege schwer erreichbare Ortsauflösung des Temperaturfeldes.

## 5.2 Elektrothermische Schnittstelle

### 5.2.1 Thermisches Verhalten

Um zwischen den verschiedenen Phasen der Hydrogelaktoren umzuschalten, muss die Phasenübergangstemperatur $\vartheta_{\text{PÜ}}$ über- bzw. unterschritten werden, wobei der Übergang nicht bei einer diskreten Temperatur, sondern innerhalb eines Bereichs stattfindet (siehe Kap. 3.2).

Um die Aktoren zu steuern, muss also die Temperatur entsprechend eingestellt werden, wobei neben dem Über- und Unterschreiten des Umschaltbereiches vor allem der zeitliche Verlauf entscheidend ist. Eine thermische Modellierung unterstützt die entsprechende Optimierung der Ansteuerung.

Mithilfe der thermo-elektrischen Analogie kann der Temperaturverlauf der Heizelemente auf einfache Weise modelliert werden, indem der (thermische) Aufbau in einem aus der Elektrotechnik bekannten Netzwerk dargestellt wird (Beuken-Modell [118]). Mit diesem Netzwerk lässt sich der Temperaturverlauf in Abhängigkeit der Wärmezufuhr berechnen.

Für eine erste einfache, qualitative Betrachtung ist nicht die Temperaturverteilung innerhalb des Aufbaus von Bedeutung, sondern lediglich der resultierende Temperaturverlauf. Somit kann ein einzelnes RC-Glied als thermisches Modell herangezogen werden. Das RC-Glied aus thermischem Widerstand $R_{\text{th}}$ und Wärmekapazität $C_{\text{th}}$ stellt die wirksame Wärmekapazität des Aufbaus sowie seinen Wärmeleitungswiderstand zur Umgebung mit konstanter Temperatur dar. Die Wärmequelle ist gesteuert, über sie erfolgt die Einstellung der Temperatur und damit des Zustands der Hydrogelaktoren. Der Wärmestrom ist gleich der Heizleistung $\dot{Q} = P_{\text{heiz}}$. Die Temperatur am Heizelement bzw. Aktor ist die Summe aus berechneter Temperaturdifferenz und der Basis- bzw. Umgebungstemperatur $\vartheta = \Delta\vartheta + \vartheta_{basis}$. Das Modellnetzwerk ist in Abb. 5.1 dargestellt.

Das Aufstellen der Knotengleichung für dieses Netzwerk ergibt:

$$P_{heiz}(t) = \dot{Q}(t) = C_{th} \cdot \frac{d}{dt}\Delta\vartheta(t) + \frac{\Delta\vartheta(t)}{R_{th}} . \tag{5.1}$$

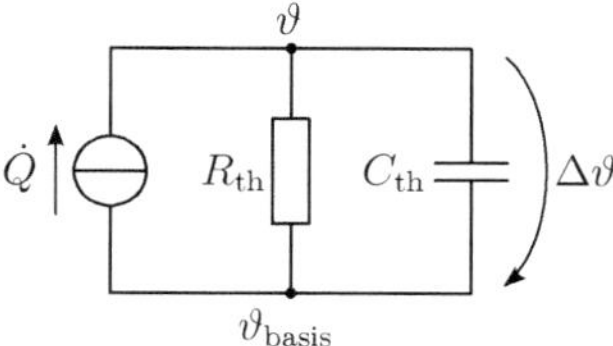

**Abbildung 5.1:** Einfache thermische Ersatzschaltung eines Heizelements.

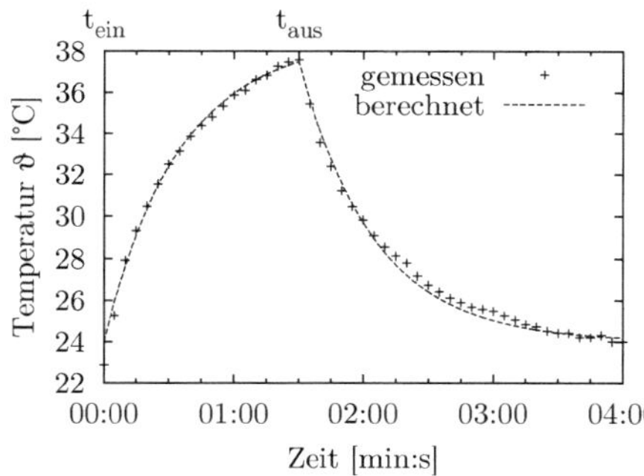


**Abbildung 5.2:** Temperaturverlauf bei Erwärmung und Abkühlung eines durch eine Kunststofffolie von der Wärmequelle getrennten Bauelements. Als Wärmequelle (250 mW Leistung, Einschaltdauer 90 s) dient ein SMD-Widerstand. Für die berechneten Verläufe wurden folgende mittels Parameterschätzung aus den Messwerten bestimmten Größen verwendet: $\vartheta_{\mathrm{basis}}$ = 24 °C, $R_{\mathrm{th}}$ = 58,3 K/W und $C_{\mathrm{th}}$ = 0,6 J/K, damit $\tau$ = 35 s und $\Delta\vartheta_{\mathrm{stat}}$ = 14,6 °C.

Für Ein- und Ausschaltvorgänge eines konstanten Wärmestroms zum Zeitpunkt $t_0$ ergibt die Lösung der Differentialgleichung 5.1 analog zur Lade- (Gl. 5.2) bzw. Entlade-kurve (Gl. 5.3) eines Kondensators einen exponentiellen Verlauf mit der Zeitkonstante $\tau = R_{th} \cdot C_{th}$ und der sich im statischen Zustand einstellenden Temperaturdifferenz $\Delta\vartheta_{stat} = R_{th} \cdot P_{heiz}$:

$$\Delta\vartheta(t) = \Delta\vartheta_{stat} \cdot \left( \mathrm{e}^{-\frac{t-t_0}{\tau}} \right), \tag{5.2}$$

$$\Delta\vartheta(t) = \Delta\vartheta_{stat} \cdot \left( 1 - \mathrm{e}^{-\frac{t-t_0}{\tau}} \right). \tag{5.3}$$

In Abb. 5.2 sind ein gemessener und mithilfe des hier gezeigten Modells und der herge-leiteten Gleichungen berechneter Temperaturverlauf dargestellt. Die Verläufe zeigen, dass dieses einfache thermische Modell zumindest für die zu untersuchenden Tempera-turdifferenzen gültig und zur weiteren Betrachtung der thermischen Zusammenhänge geeignet ist.

## 5.2.2 Elektrische Ansteuerung

Bei der elektrischen Ansteuerung ist ein Kompromiss zwischen Flexibilität und Komplexität zu finden. Es ist theoretisch möglich, die Temperatur eines jeden Elementes zu regeln. Dadurch ließe sich jedes Element optimal und der Prozessor sehr flexibel und schnell betreiben. Jedoch erfordert die individuelle Regelung bei steigender Elementezahl eine aufwändige Elektronik und würde zu großem Entwicklungsaufwand, hohen Herstellungskosten und erhöhter Fehleranfälligkeit führen.

Ein Ansatz zum Erreichen schneller Reaktionszeiten auch ohne diese Regelung ist eine Abstufung der Heizleistung [46]. Dabei wird zum Erhöhen der Temperatur über die Phasenübergangstemperatur für eine kurze Zeit $t_{\mathrm{boost}}$ eine erhöhte Leistung $P_{\mathrm{boost}}$ genutzt und dann zum Halten der Temperatur eine geringere Halteleistung $P_{\mathrm{halte}}$ (Abb. 5.3). Dies lässt sich bei einer Spannungssteuerung mittels zweier unterschiedlicher Spannungen erreichen, zwischen denen je Element bzw. Anschluss umgeschaltet wird. Die elektrische Leistung, die das jeweilige Heizelement in Wärme umgewandelt, wird durch seinen elektrischen Widerstand bestimmt. Somit lässt sich die Heizrate für jedes Element einstellen. Abstimmungen sind auch nachträglich durch Vorwiderstände möglich.

Abb. 5.3 zeigt den Einfluss der erhöhten anfänglichen Heizleistung auf die Schaltzeiten.

Um kurze Reaktionszeiten zu erhalten, müssen die Heizleistungen $P_{\mathrm{boost}}$ und $P_{\mathrm{halte}}$ sowie die Boost-Zeit $t_{\mathrm{boost}}$ optimiert werden. Während die Boost-Zeit problemlos über den Mikrocontroller variiert werden kann, hängen die Leistungen im Falle der Spannungssteuerung vom ohmschen Widerstand $R_{\mathrm{heiz}}$ und dem Heizstrom $I_{\mathrm{heiz}}$ durch diesen ab. Dieser Strom wiederum ergibt sich aus der jeweiligen Spannung $U$, dem Vorwiderstand $R_{\mathrm{vor}}$ und $R_{\mathrm{heiz}}$. Damit ergibt sich die Heizleistung eines Elements zu:

$$P_{\mathrm{heiz}} = U^2 \cdot \frac{R_{\mathrm{heiz}}}{R_{\mathrm{vor}} + R_{\mathrm{heiz}}} \cdot \tag{5.4}$$

Tabelle 5.1 zeigt für dieses Konzept die elektrischen Parameter und ob sie flexibel im Betrieb und je Element oder nur für den gesamten Prozessor änderbar sind.

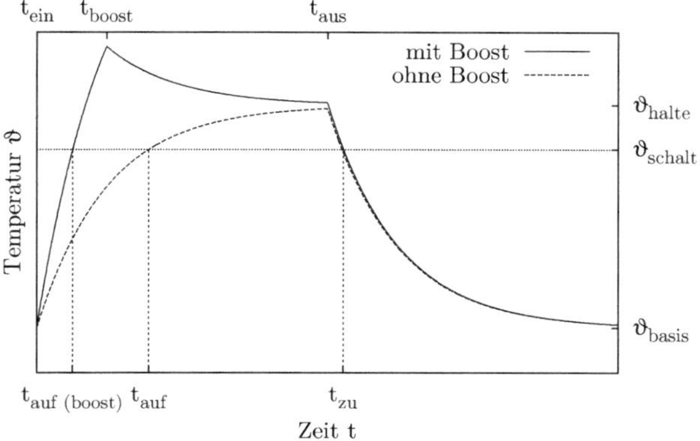


**Abbildung 5.3:** Temperaturverlauf mit erhöhter anfänglicher und ohne erhöhte anfängliche Heizleistung („Boost", $P_{boost} = 2 \cdot P_{halte}$): $t_{\text{ein}}$ Einschaltzeitpunkt, $t_{\text{aus}}$ Ausschaltzeitpunkt, $t_{\text{boost}}$ Boost-Dauer; $t_{\text{auf}}$ und $t_{\text{zu}}$ Öffnungs- und Schließzeitpunkt eines Ventils; $\vartheta_{\text{schalt}}$ Schalttemperatur eines Ventils, $\vartheta_{\text{halte}}$ Haltetemperatur, $\vartheta_{\text{basis}}$ Kühl- bzw. Umgebungstemperatur.

## 5.3 Steuereinheit

Um die einzelnen Ports des Prozessors sowohl separat ein- und ausschalten als auch separat mit erhöhter Heizleistung betreiben zu können, sind je Port zwei Schalter nötig. Diese Schalter erfordern jeweils einen separaten (Ein/Aus-)Steueranschluss. Die entsprechend große Anzahl Digitalports bieten Mikrocontroller. Eine Erweiterung der Anzahl der Digitalports ist mittels Nutzung von Multiplexverfahren möglich. Optional ermöglicht eine vom Mikrocontroller bereitgestellte Pulsweitenmodulation (PWM) auch das Einstellen von $U_{\text{boost}}$ und $U_{\text{halte}}$. Dieses Konzept ist in Abb. 5.4 dargestellt. Als Schalter können beispielsweise Relais oder Transistoren eingesetzt werden.

Für den Mikrocontroller sind zwei Betriebsarten möglich: Er kann ein Steuerprogramm laufend von einem PC empfangen und direkt ausführen oder autark arbeiten. Der Vorteil des ersten Ansatzes ist die höhere Flexibilität, da am PC vorgenommene Änderungen unmittelbar umgesetzt werden. Auch lassen sich dabei zusätzliche, den Programmablauf betreffende Informationen auf dem PC anzeigen. Dies ist vor allem bei der Erstellung und Optimierung des Steuerprogramms sinnvoll. Später dürfte eher der autarke Betrieb vorteilhaft sein, da der mikrofluidische Prozessor so ohne einen

**Tabelle 5.1:** Elektrische Ansteuerung: Variable Größen

| Parameter | im Betrieb änderbar | je Element |
| --- | --- | --- |
| Elektrischer Widerstand des Heizelements $R_{\mathrm{heiz}}$ | nein[1] | ja |
| Boost-Spannung $U_{\mathrm{boost}}$ | ja | nein |
| Haltespannung $U_{\mathrm{halte}}$ | ja | nein |
| Boost-Zeit $t_{\mathrm{boost}}$ | ja | ja |
| Haltezeit $t_{\mathrm{halte}}$ | ja | ja |

[1] Heizstrom durch variablen Vorwiderstand anpassbar

PC genutzt werden kann. Dazu ist das Steuerprogramm zu speichern und unabhängig vom PC abzuarbeiten.

### 5.3.1 Datenformat und -übertragung

Für die Speicherung und Ausführung des Steuerprogramms muss dieses in einem definierten und vom Mikrocontroller verarbeitbaren Format vorliegen. Es enthält in erster Linie die Information, welche Ports wann wie geschaltet werden sollen. Es bietet sich eine zeitlich lineare Gestaltung des Programms an, wobei für bestimmte Zeitpunkte die dann durchzuführenden Aktionen angegeben sind.

Für eine schnelle und direkte Verarbeitung durch den Mikrocontroller ist ein binäres Format vorteilhaft. Demgegenüber steht eine auch menschenlesbare Speicherung als Textdatei. Da ein textbasiertes Steuerprogramm leicht gelesen, verstanden und geändert werden kann, werden die Fehlersuche und -behebung erheblich vereinfacht. Lassen sich Kommentare bei der Abarbeitung durch die Steuereinheit anzeigen, ermöglicht dies das Verfolgen des Programmablaufs bei der Anwendung. Um trotz Verwendung eines menschenlesbaren Formats den Aufwand bei der Interpretation durch den Mikrocontroller gering zu halten, kann ein genau definiertes Schema genutzt werden, bei dem die einzelnen Elemente an festen Stellen abgelegt sind.

Ein Beispiel für ein solches Programm zeigt Listing 5.1. Die Befehle sind zeilenweise getrennt. Doppelkreuze deklarieren Kommentare, die durch die Steuereinheit ignoriert

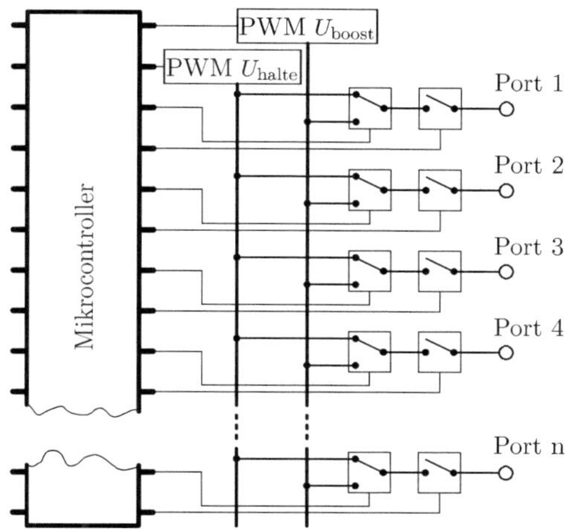


**Abbildung 5.4:** Blockschaltbild der Ansteuerungsschaltung

bzw. lediglich angezeigt werden. Eine Befehlszeile im Beispiel besteht aus einem Zeitpunkt, der auf eine Zehntelsekunde genau angegeben wird und einer darauf folgenden Liste aus Portnummern und den jeweiligen herzustellenden Schaltzuständen. Hierbei stellt „0" den Zustand „Aus", „1" den Zustand „Ein" und „3" den Zustand „Boost" dar. Dies ist ein Kompromiss aus Lesbarkeit und guter Auswertbarkeit durch den Mikrocontroller, da so die Zustände der beiden Schalter für einen Port binär repräsentiert werden. Beispielsweise ist die „3" binär 11, d. h. beide Schalter, „Boost" und „Ein", sind eingeschaltet.

**Listing 5.1:** Format des Steuerprogramms

```
1  #Kommentar
2  #nach 0 s: Port 01 boost, Port 04 ein
3  00000.0: 01 3, 04 1
4  #nach 2,5 s: Port 01 an, Port 04 aus
5  00002.5: 01 1, 04 0
6  #nach 13 s: Port 01 aus
7  00013.0: 01 0
```

Die Daten, insbesondere das Steuerprogramm, müssen vom PC auf die Steuereinheit übertragen werden. Wird eine SD Card zur Speicherung verwendet, können die

Speicherprogramme direkt auf sie geschrieben werden. Für die Datenübertragung per Kabel kommt unter anderem USB (Universal Serial Bus) in Frage, das praktisch an jedem PC verfügbar ist.

## 5.3.2 Benutzerschnittstelle

Im Fall des Betriebs der Steuereinheit mit einem PC kann die Interaktion über diesen erfolgen. Soll sie dagegen autark eingesetzt werden, ist eine Benutzerschnittstelle erforderlich. Die Ausgabe von Informationen kann beispielsweise mittels LEDs oder über ein LCD erfolgen. LCDs gibt es als Text- oder Grafikdisplays, wobei letztere deutlich mehr Informationen anzeigen können.

Zur Eingabe werden in der Regel Tasten verwendet. Touchscreens kombinieren die Ein- und Ausgabe und lassen sich sehr flexibel einsetzen, da die Bedienoberfläche für jede Aufgabe angepasst werden kann.

## 5.3.3 Realisierung

Für die Umsetzung wurde die Arduino™-Plattform gewählt. Ihre Hard- und Software ist quelloffen, d. h. die Quellen der Soft- und die Schaltpläne sowie das Leiterplattenlayout der Hardware sind frei verfüg- und änderbar. Die Programmierung des Mikrocontrollers erfolgt in einem C/C++-Dialekt. Die Arduino-Boards lassen sich über sogenannte Shields erweitern und mit zusätzlicher Funktionalität versehen, was eine aufwändige Eigenentwicklung unnötig macht. In der Regel werden Software-Bibliotheken zur Verfügung gestellt, die eine einfache Nutzung der zusätzlichen Hardware ermöglichen. Solche Shields existieren auch für den Anschluss von SD Cards, Displays, Touchscreens und Ethernet. [119]

Eine bei Entstehen dieser Arbeit verfügbare Hardware-Version, die den Anforderungen genügt, ist der Arduino Mega 2560. Als Mikrocontroller kommt ein ATmega2560 von AVR zum Einsatz. Das Arduino-Board bietet 54 digitale Ein-/Ausgänge, von denen 14 PWM-fähig sind und 16 auch als analoger Eingang genutzt werden können. Dies erlaubt einen geregelten Betrieb des mikrofluidischen Prozessors, indem beispielsweise Temperatursensoren eingebunden werden. Es stehen 256 KiB Flash-Programmspeicher sowie 8 KiB Arbeitsspeicher zur Verfügung. [120]

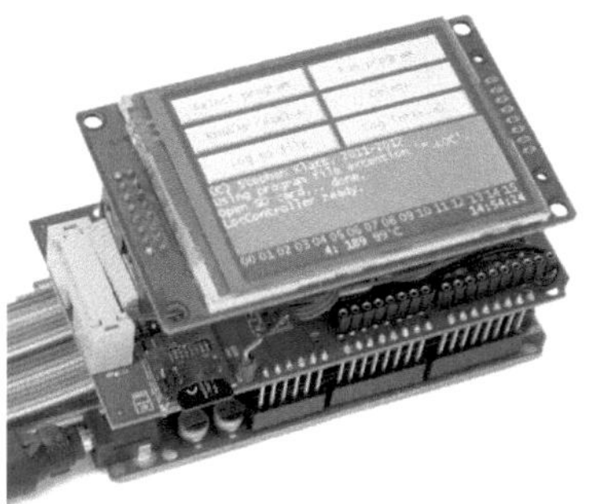

(a) Bedien- und Steuereinheit

(b) Schaltmodul mit acht Ausgängen

**Abbildung 5.5:** Module der Steuereinheit

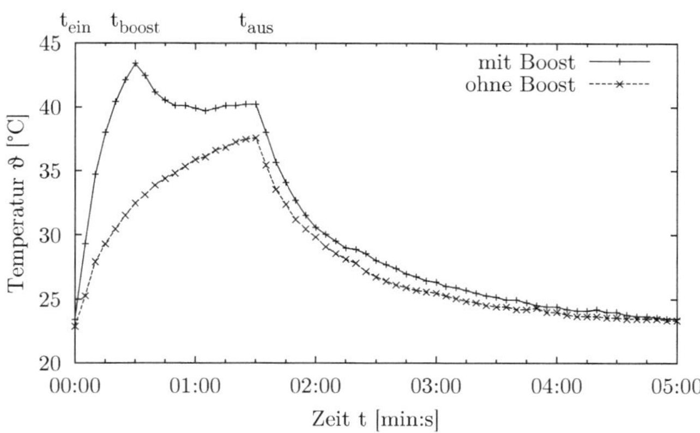


**Abbildung 5.6:** Temperaturverlauf an einem Bauelement, das durch eine Kunststofffolie vom als Wärmequelle dienenden und von der Steuereinheit gesteuerten SMD-Widerstand getrennt ist. $R_\mathrm{heiz} = 100\,\Omega$, $U_\mathrm{halte} = 5\,\mathrm{V}$, $U_\mathrm{boost} = 7{,}07\,\mathrm{V}$, damit $P_\mathrm{halte} = 250\,\mathrm{mW}$ und $P_\mathrm{boost} = 500\,\mathrm{mW} = 2 \cdot P_\mathrm{halte}$. Es wurde über jeweils 90 s bei t = 0 s eingeschaltet, wobei $t_\mathrm{boost} = 30\,\mathrm{s}$.

**Listing 5.2:** Steuerprogramm zur Erzeugung des in Abb. 5.6 gezeigten Temperaturverlaufs.

```
1  #Boost bzw. Einschalten
2  00000.0: 00 3, 01 1
3  #Boost aus
4  00030.0: 00 1
5  #Ausschalten
6  00090.0: 00 0, 01 0
```

Abb. 5.5 zeigt die Module der realisierten Steuereinheit, Abb. 5.6 den von einer aufgebauten Steuereinheit erzeugten Temperaturverlauf. Die Temperatur wurde durch die Steuereinheit gleichzeitig mithilfe an den analogen Eingängen angeschlossener Temperatursensoren gemessen und an den PC übermittelt. Das Diagramm zeigt zum einen, dass der in Kap. 5.2.2 vorgestellte Ansatz der abgestuften Heizleistung den erwünschten Effekt hat und ein deutlich schnelleres Überschreiten einer Temperaturschwelle erreicht wird, zum anderen demonstriert es die Funktionstüchtigkeit der Steuereinheit.

Listing 5.2 zeigt das entsprechende Steuerprogramm.

## 5.4 Steueralgorithmus

Je komplexer ein Prozessor ist, desto aufwändiger wird das Erstellen seiner Steuerprogramme, da eine Änderung einzelner Parameter Einfluss auf den gesamten Ablauf haben kann. Um den Vorteil der hohen Flexibilität der elektrischen Ansteuerung nicht zunichte zu machen, ist deshalb eine weitgehende Automatisierung der Programmerstellung unabdingbar.

Abbildung 5.7 zeigt einen prinzipiellen Ablauf, wie er sich für den Nutzer darstellen könnte. Um das Steuerprogramm erstellen zu können, müssen der Software die aktiven Elemente des Prozessors und die relevanten Eigenschaften der Elemente bekannt sein. Nachdem diese definiert sind, werden verschiedene Aktionen wie „Pumpen" hinzugefügt. Sind alle Aktionen festgelegt, kann die Software idealerweise vollautomatisch den Zeitablauf und aus diesem das Ablaufprogramm erzeugen.

Für die Programmerstellung relevante Eigenschaften der mikrofluidischen Elemente sind insbesondere das Zeitverhalten in Abhängigkeit von der Heizleistung und die Adresse für

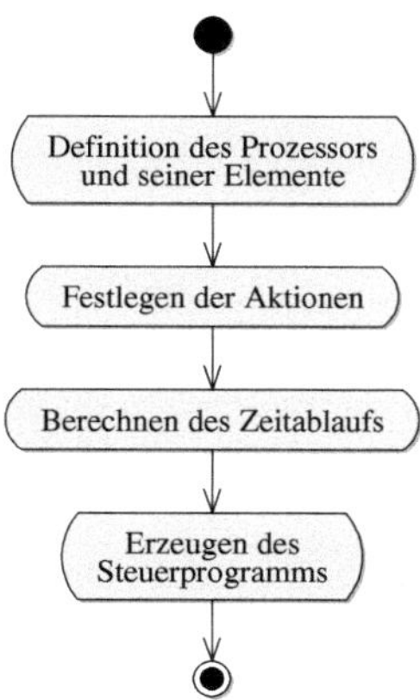



**Abbildung 5.7:** Ablauf der Erstellung des Steuerprogramms

die elektrische Verbindung. Für das Bereitstellen weiterer Funktionen – beispielsweise das Visualisieren der Prozesse und das Validieren oder Optimieren der Anordnung der Elemente auf dem Prozessor – sind entsprechend weitere Informationen wie Arbeits- und Totvolumen, fluidische Schaltung und thermisches Verhalten erforderlich.

Für die Modellierung der Elemente bietet sich die objektorientierte Programmierweise [121] an. Auf diese Weise lassen sich die mikrofluidischen Elemente als Objekte darstellen. Die verschiedenen Elementtypen entsprechen den Klassen, die jeweils existierenden Elemente den zugehörigen Objekten. Die Eigenschaften der Elemente werden dabei als Attribute abgebildet und jeweils angepasste Methoden definiert.

Weitere Vorteile der Objektorientierung sind die Kapselung der Methoden und Attribute sowie die damit erhöhte Übersichtlichkeit, erleichterte Wartung, Erweiterbarkeit und die Vererbung. Es müssen nicht für jede Klasse alle Attribute und Methoden erneut definiert werden, sondern es werden nur die Elternklassen angepasst und erweitert.

## 5.4.1 Modellierung der mikrofluidischen Elemente

Eine mögliche Umsetzung zeigen die folgenden Klassendiagramme. Die Klassen und Beziehungen untereinander sind in UML-Notation [122] dargestellt.

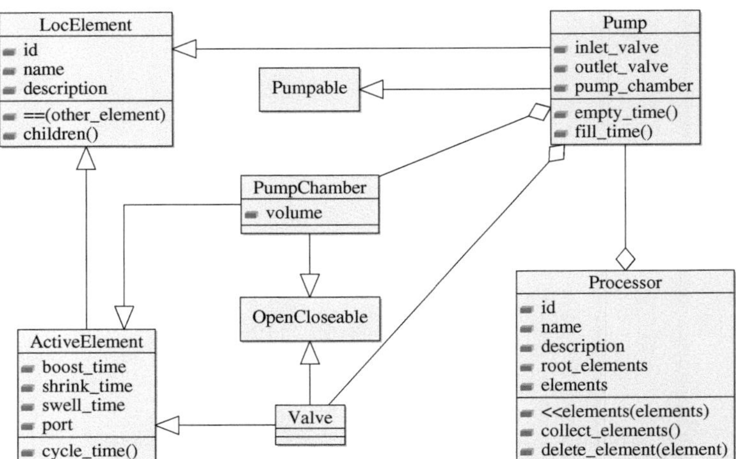


**Abbildung 5.8:** Modellierung der mikrofluidischen Elemente.

Abbildung 5.8 zeigt die Modellierung der mikrofluidischen Elemente. Hier entspricht die Klasse LocElement grundlegenden Elementen des mikrofluidischen Prozessors. Von dieser Klasse erbt die Klasse ActiveElement. Elemente dieser Klasse zeichnen sich dadurch aus, dass sie ansteuerbar sind, d. h. sie besitzen einen elektrischen Anschluss (Attribut port) und ein Zeitverhalten, das in den _time-Attributen gespeichert werden kann. Die Methode cycle_time() berechnet die Zykluszeit des Elements.

## 5.4.2 Modellierung der Operationen

Die Modellierung der Operationen ist in Abbildung 5.9 dargestellt. Es wird zwischen MultipleOperation und SingleOperation unterschieden. Während SingleOperation eine Aktion eines ActiveElement auslöst, sind Operationen vom Typ MultipleOperation (SerialOperation und ParallelOperation) Container für andere Operationen, die sowohl einzelne als auch wieder mehrfache Operationen sein können. Somit lässt sich der Ablauf als Verschachtelung von Operationen darstellen. Abbildung 5.10 zeigt dies anhand eines parallelen Pumpvorgangs zweier Pumpen, wobei der Pumpvorgang der zweiten Pumpe analog dem der ersten ist und nicht dargestellt wurde.

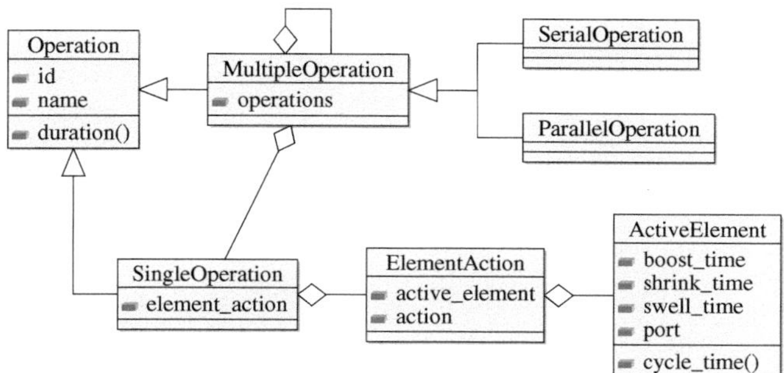

**Abbildung 5.9:** Modellierung der Operationen.

Jedes Objekt der Klasse `Operation` stellt die Methode `duration()` bereit, welche ihre Dauer zurück gibt. Die Kind-Klassen überschreiben diese Methode jeweils. Die Dauer einer `SingleOperation` wird von der Aktion und dem im Objekt `ActiveElement` hinterlegten Zeitverhalten (`_time`-Attribute) bestimmt. Für jede Aktion muss ein zugehöriges Attribut definiert sein. Die Dauer einer `ParallelOperation` entspricht der der längsten Kind-Operation, die einer `SerialOperation` ist gleich der Summe der Dauern der Kind-Operationen.

Für den späteren Anwender sollten die Interna der Ansteuerung keine Rolle spielen. Dazu können beliebig komplexe Operationen in eine neue gekapselt werden, so dass nur diese aufgerufen werden muss. Auf diese Weise ist das Steuerprogramm kurz, einfach und damit übersichtlich gestaltbar. Gleichzeitig wird aber eine hohe Flexibilität beibehalten, da bei Bedarf beliebige neue Operationen definiert werden können.

Im folgenden sind typische Operationen zum Erstellen eines Steuerprogramms aufgelistet:

- Warten für eine bestimmte Zeit
- Öffnen/Schließen von Ventilen
- bestimmte Anzahl von Pumpvorgängen
- Pumpen eines bestimmten Volumens/für eine bestimmte Zeit
- Inhalt einer/mehrerer Pumpen in andere Pumpen weiterpumpen.

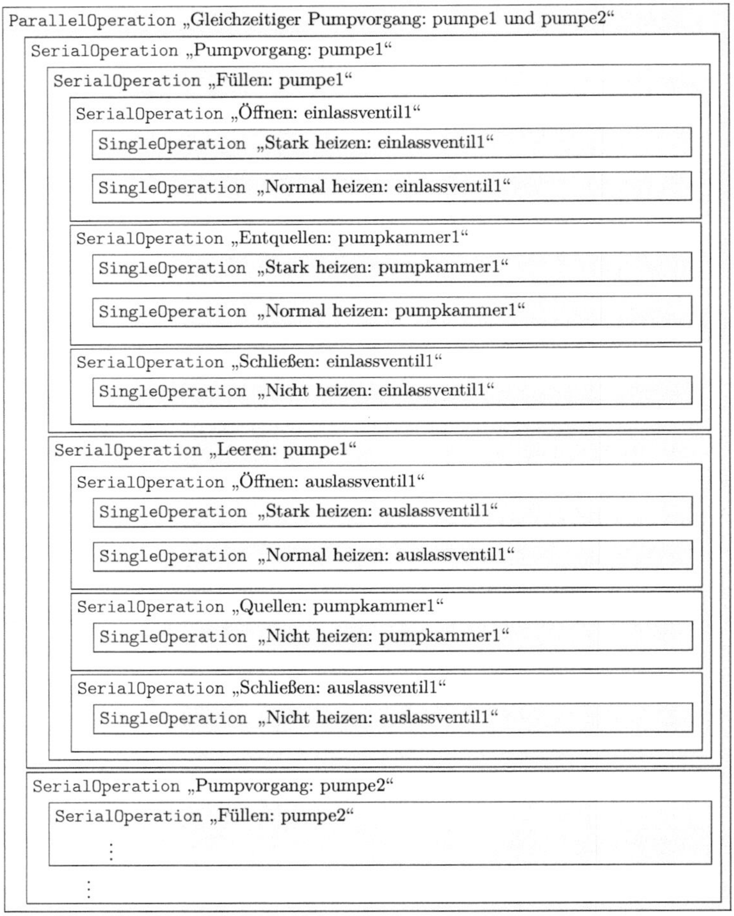

ParallelOperation „Gleichzeitiger Pumpvorgang: pumpe1 und pumpe2"

  SerialOperation „Pumpvorgang: pumpe1"

    SerialOperation „Füllen: pumpe1"

      SerialOperation „Öffnen: einlassventil1"

        SingleOperation „Stark heizen: einlassventil1"

        SingleOperation „Normal heizen: einlassventil1"

      SerialOperation „Entquellen: pumpkammer1"

        SingleOperation „Stark heizen: pumpkammer1"

        SingleOperation „Normal heizen: pumpkammer1"

      SerialOperation „Schließen: einlassventil1"

        SingleOperation „Nicht heizen: einlassventil1"

    SerialOperation „Leeren: pumpe1"

      SerialOperation „Öffnen: auslassventil1"

        SingleOperation „Stark heizen: auslassventil1"

        SingleOperation „Normal heizen: auslassventil1"

      SerialOperation „Quellen: pumpkammer1"

        SingleOperation „Nicht heizen: pumpkammer1"

      SerialOperation „Schließen: auslassventil1"

        SingleOperation „Nicht heizen: auslassventil1"

  SerialOperation „Pumpvorgang: pumpe2"

    SerialOperation „Füllen: pumpe2"

      ⋮

  ⋮

**Abbildung 5.10:** Verschachtelung von Operationen am Beispiel eines parallelen Pumpvorgangs zweier Pumpen.

### 5.4.3 Berechnen des Zeitablaufs

Sind alle mikrofluidischen Elemente und durchzuführenden Operationen definiert, liegen die nötigen Informationen vor, um das Programm für die Ansteuerung zu erstellen. Dazu wird im nächsten Schritt ein generischer Zeitablauf (`Timeline`) berechnet. Dieser enthält eine lineare Auflistung von „Element-Aktionen" (`ElementAction`), die wiederum eine zu einem bestimmten Zeitpunkt durch ein bestimmtes `ActiveElement` durchzuführende Aktion definiert.

Dabei entspricht eine `SingleOperation` einer `ElementAction`, während eine `MultipleOperation` die zeitliche Abfolge der beinhalteten Operationen bestimmt. Zur Bestimmung des Zeitablaufs werden die Operationen rekursiv durchlaufen und die Methode `duration()` ausgewertet. Ist die Eltern-Operation vom Typ `SerialOperation`, werden die in den Kind-Operationen enthaltenen Aktionen der Operationen des Typs `SingleOperation` nacheinander zum Zeitablauf zugefügt. Ist sie vom Typ `ParallelOperation`, beginnen alle Kind-Operationen gleichzeitig, die Eltern-Operation endet mit Abschluss der letzten Kind-Operation.

Ergebnis ist eine Liste von Zeitpunkten, die jeweils eine oder mehrere `ElementAction` referenzieren.

### 5.4.4 Erstellen des Steuerprogramms

Aus dem Zeitablauf kann direkt eine Ausgabe erzeugt werden. Für die Ansteuerung mittels eines Mikrocontrollers wäre das beispielsweise speziell für diesen angepasster Code, der sich direkt in sein Programm einfügen lässt oder die Ausgabe in einem speziellen Format, wie eines in Kapitel 5.3.1 vorgestellt wurde. Die Information, welches Relais und damit welcher Port der Steuereinheit zu schalten ist, enthält das Attribut `port` des Objekts `ActiveElement`.

### 5.4.5 Benutzerschnittstelle

Im Rahmen dieser Arbeit wurde eine Software in der freien Programmiersprache Ruby erstellt, die diese Modelle und Algorithmen umsetzt. Ruby ist eine moderne, interpretierte, plattformunabhängige, vollständig objektorientierte Sprache mit dynamischer Typisierung und automatischer Speicherverwaltung. Es existiert eine Vielzahl frei verfügbarer Bibliotheken für sie, die sie universell einsetzbar machen. Ein weiterer Vorteil ist die gute Lesbarkeit von Ruby-Code. Die Entwickler der Sprache verfolgen das „Prinzip der geringsten Überraschung", um eine möglichst intuitive Nutzung zu ermöglichen. Somit ermöglicht Ruby ein sehr effizientes Programmieren, wenn auch auf Kosten der Ausführungsgeschwindigkeit. [123]

Der übliche Weg, eine Schnittstelle für den Nutzer der Software bereitzustellen, ist die Verwendung einer grafischen Benutzerschnittstelle (GUI). Auf das Erstellen einer GUI wurde hier verzichtet, da dies – insbesondere wenn zum Erreichen größtmöglicher Flexibilität alle Möglichkeiten der Software zur Verfügung stehen sollen – mit unverhältnismäßigem Aufwand verbunden ist.

Stattdessen wurde ein anderer Ansatz gewählt. Hierbei werden die implementierten Methoden der Modelle direkt in einem Skript bzw. Programm genutzt. Da nur Befehle für einen speziellen Einsatzzweck, dem Erstellen eines Steuerprogramms für einen mikrofluidischen Prozessor, verwendet werden müssen, kann man von einer Art domänenspezifischer Sprache (DSL) sprechen.

Ein Beispiel einer Ein- und der resultierenden Ausgabe des Steuerprogramms für die vorgestellte Steuereinheit befindet sich in Anhang B.1.

# 6 Mikrofluidische Grundelemente

Ein mikrofluidisches System besteht aus einer Vielzahl verschiedener Grundelemente. Diese lassen sich in passive und aktive Elemente unterteilen. Hier werden Elemente dann als aktiv angesehen, wenn sie in der Lage sind, eine funktionsrelevante Eigenschaft zu ändern und so einen „aktiven" Einfluss auf das Fluid nehmen. Meist geschieht dies durch Verrichten mechanischer Arbeit.

Passive Grundelemente sind in diesem Sinne Kanäle, Anschlüsse, Verzweigungen und Zusammenführungen, Mischmäander etc. Zu den aktiven Elementen zählen insbesondere Ventile und Pumpen, aber auch Mischer können aktiv sein. Sowohl passive als auch aktive Elemente wurden teilweise schon im Stand der Technik (Kap. 2.2) beschrieben.

## 6.1 Passive Grundelemente

### 6.1.1 Kanäle, Verzweigungen und Zusammenführungen

Die Kanäle dienen in erster Linie als Transportweg für die Fluide und verbinden weitere Grundelemente miteinander. Prinzipiell ist es vorteilhaft, wenn die Volumina der Kanäle klein und somit auch die Totvolumina gering sind. Dazu ist die Querschnittsfläche möglichst klein zu halten, wobei zum einen die Fertigungstechnologie und zum anderen der bei Verkleinerung immer größer werdende fluidische Widerstand und Einfluss der Oberflächeneffekte die Miniaturisierung begrenzen. Damit wären auch leistungsfähigere Pumpen und Ventile erforderlich. Die Länge der Kanäle wird in der Regel von der Gestaltung des Prozessors bestimmt, d. h. der mikrofluidischen Schaltung und deren Umsetzung.

Bei der hier verwendeten Technologie wird die Kanaltiefe durch die Höhe der Kupferschicht der Urformen festgelegt.

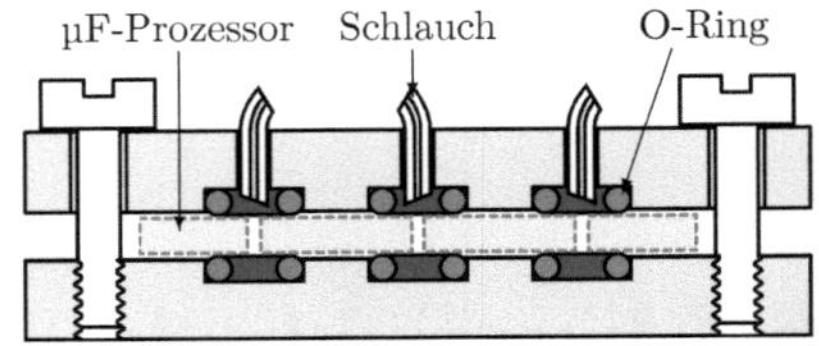



**Abbildung 6.1:** Schematische Darstellung der fluidischen Anschlüsse mit einer Klemmvorrichtung.

Verzweigungen teilen Fluidströme auf, so dass sie getrennt weiter prozessiert werden können. Werden verschiedene Fluide vereinigt, bildet die entsprechende Zusammenführung die einfachste Form eines Mischers.

## 6.1.2 Reaktions- und Beobachtungskammern

In den Reaktionskammern finden Reaktionen statt, diese können chemischer oder biochemischer Natur sein.

Sind keine bestimmten Umgebungsbedingungen insbesondere hinsichtlich der Temperatur erforderlich, kann auch eine Pumpenkammer als Reaktionskammer dienen. Dies bietet den Vorteil, dass nach Abschluss der Reaktion ein vollständiges Entleeren der Kammer möglich ist, so dass das Reaktionsprodukt weiter prozessiert werden kann.

Die Beobachtungskammern ermöglichen eine optische Analyse des Reaktionsprodukts. Um etwa eine Extinktionsänderung quantitativ auswerten zu können, ist eine definierte Höhe der Kammer und damit „Dicke" des zu analysierenden Fluids zu gewährleisten. Eine Mindesthöhe stellt eine ausreichende Extinktion sicher. Glatte, plane und damit klare Oberflächen im optischen Weg verbessern die optische Auswertbarkeit.

## 6.1.3 Anschlüsse

Über die fluidischen Anschlüsse können die Medien zu- und abgeführt und externe Messgeräte angeschlossen werden. Die Anschlüsse sollen mehrere Ansprüche erfüllen:

- geringes (Tot-)volumen
- Dichtheit
- geringer fluidischer Widerstand
- gute Handhabbarkeit.

Neben geklebten Schläuchen wurde die in Abb. 6.1 gezeigte Klemmvorrichtung verwendet, die ein einfaches Anschließen an die Peripherie ermöglicht. Dabei muss auf den richtigen Anpressdruck geachtet werden, da es bei zu geringer Kraft zu Undichtigkeit und bei zu hoher Kraft zum Zusammendrücken der Kanäle oder einem Verbiegen der Vorrichtung und damit wiederum Undichtigkeit kommen kann.

## 6.2 Ventile

Schaltbare Ventile dienen der Steuerung des Flusses des Prozessmediums durch den Prozessor. Im geschlossenen Zustand unterbinden sie den Fluss durch einen Kanal, im offenen ermöglichen sie ihn.

Grundsätzlich schließt das Ventil, indem der Kanalquerschnitt verschlossen wird. Dies geschieht durch das Quellen des Gels im Ventilsitz bzw. der Ventilkammer. Damit ist die Schließbedingung unter gegebenen Bedingungen – beispielsweise einem bestimmten (Differenz-)Druck –, dass das Volumen des Gelaktors gleich dem Volumen der Kammer ist.

Bei der Ventilgestaltung ist ein Kompromiss aus folgenden Eigenschaften zu finden:

- hohe Schaltgeschwindigkeit und geringer Energieverbrauch
- geringer Leckfluss im geschlossenen und hoher Durchfluss im offenen Zustand
- hohe Druckbeständigkeit und Partikeltoleranz.

Hinsichtlich der Gestaltung der Mikroventile gibt es eine Vielzahl von Variationsmöglichkeiten. Auf den Betrieb als Stetigventile wird in Kap. 6.2.4 eingegangen.

### 6.2.1 Grundsätzliche Varianten

Der Hydrogelaktor kann entweder direkt in der Prozessebene (PE) oder von dieser durch eine flexible Membran getrennt in der Aktorebene platziert werden. Das Platzieren in der Aktorebene (AE) hat den Vorteil, dass das Hydrogel nicht mit dem Prozessmedium (PM) in Kontakt kommt und damit nicht die Gefahr unerwünschter Wechselwirkungen besteht. Es lässt sich Bistabilität (Kap. 6.2.3) erreichen. Der thermische Widerstand ist aufgrund des geringen Abstands zur elektrothermischen Schnittstelle klein und damit die Reaktionszeit kurz. Allerdings sind Probleme durch Druckunterschiede zwischen

**Tabelle 6.1:** Variantendiskussion für Mikroventile auf Basis von Hydrogelaktoren.

| | Ort des Hydrogelaktors | |
| --- | --- | --- |
| | Prozessebene | Aktorebene |
| Wechselwirkung Hydrogel-PM | möglich − − | keine + + |
| Verschließen durch | weiches Hydrogel + + | Trennmembran − |
| Thermischer Widerstand | hoch − | gering + |
| Bistabilität | nein | möglich + + |

| | Gestaltung des Aktorsitzes | |
| --- | --- | --- |
| | wie Kanal | spezielle Aktorkammer |
| Fixierung des Aktors | Stoffschluss − | Formschluss + + |
| Optimierung hinsichtlich Verschließen | nicht möglich − | möglich + |
| Fertigungsaufwand | unverändert + | erhöht − |
| Fertigungstechnologie Hydrogelaktor | *in situ* | nicht festgelegt + + |

| | Herstellung des Hydrogelaktors | |
| --- | --- | --- |
| | *in situ* | *ex situ* |
| Paralleles Fertigen bzw. Einbringen | möglich + + | eingeschränkt |
| Fixieren des Aktors | Form- & Stoffschluss + | Formschluss |
| Unerwünschtes Haften des Aktors | möglich − | nicht möglich + |

Aktor- und Prozessebene zu erwarten: Wenn beispielsweise durch eine sich leerende Pumpenkammer Druck in einem Kanal aufgebaut wird, kann ein dort befindliches Ventil nicht schließen, da es direkt gegen die Pumpenkammer arbeiten muss. Dies ist im Prozessablauf innerhalb des Prozessors zu berücksichtigen.

Dagegen kann das bei Integrieren des Aktors in die Prozessebene direkt im Kanal befindliche, weiche Hydrogel den Kanalquerschnitt deutlich besser schließen, auch ist ein solches Ventil partikeltoleranter. Da keine zusätzliche Membran ausgelenkt werden muss, ist die Schließgeschwindigkeit prinzipiell höher. Bei Platzierung des Hydrogels in der Aktorebene ist die Membran deshalb möglichst dünn und flexibel zu gestalten.

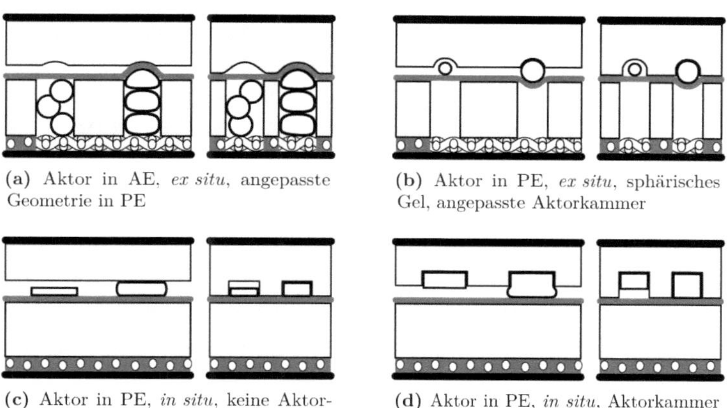

(a) Aktor in AE, *ex situ*, angepasste Geometrie in PE

(b) Aktor in PE, *ex situ*, sphärisches Gel, angepasste Aktorkammer

(c) Aktor in PE, *in situ*, keine Aktorkammer

(d) Aktor in PE, *in situ*, Aktorkammer

**Abbildung 6.2:** Ventilvarianten im Grundaufbau gemäß Kap. 4.1. Links ist jeweils ein Schnitt längs des Kanals, rechts quer zum Kanal dargestellt. Darin sind jeweils wiederum links ein offenes und rechts ein geschlossenes Ventil gezeigt.

Wie bereits in Kap. 4.9.3 beschrieben, ist ein großer Vorteil der Herstellung von Hydrogelaktoren *in situ* die gute Parallelisierbarkeit, wodurch prinzipiell alle Aktoren im Prozessor gleichzeitig hergestellt werden können. Ein paralleles Einbringen *ex situ* hergestellter Aktoren erfordert hingegen zusätzlichen Aufwand. Nachteilig sind die Haftungsproblematik an Polyurethan, die Schwierigkeiten bei Einsatz von PDMS, das schwierige Spülen sowie die potenzielle Gefahr von Defekten aufgrund geringer Zyklenfestigkeit durch den Stoffschluss. Für die Fertigung zuverlässiger Ventile *in situ* ist die Haftung zu kontrollieren, d. h. einerseits ist eine Fixierung durch Stoffschluss zu gewährleisten und andererseits ist das Haften am gesamten Kanalquerschnitt zu verhindern, da dieses ein dauerhaftes Verschließen oder Zerreißen des Gels beim Öffnen zur Folge haben kann.

In Tab. 6.1 sind die Variationsmöglichkeiten und die jeweiligen Folgen zusammengefasst und mit einer Bewertung versehen. Einige Kombinationen der vorgestellten variierbaren Eigenschaften zeigt Abb. 6.2. Die in Abb. 6.2b dargestellten unter den Ventilaktoren in der Aktorebene befindlichen Hohlräume dienen zum einen zum besseren Wärmetransport durch das Quellmittel, zum anderen zum besseren Verschließen des Kanals durch das Verformen der Membran.

## 6.2.2 Gestaltung der Ventilkammer

Die Möglichkeiten und Ziele der Gestaltung der Ventilkammer hängen in erster Linie von der gewählten Variante ab. Befindet sich das Gel getrennt vom Prozessmedium in der Aktorkammer, ist der Aktor fixiert. Die Hauptschwierigkeit besteht in diesem Fall darin, ein dichtes Schließen sicherzustellen. Dazu ist neben der Verwendung einer möglichst flexiblen Membran die Kammergeometrie so zu gestalten, dass die Membran schon bei geringer Auslenkung an der Kammerwand anliegt. Bei der Variante ist allerdings prinzipiell eine geringere Druckfestigkeit und ein höherer Leckfluss zu erwarten.

Wird der Aktor in der Prozessebene platziert, ist anderweitig für seine Fixierung zu sorgen. Bei der Polymerisation *in situ* kann dies durch Stoffschluss erfolgen. Daneben sollte die Kammergeometrie das Fortspülen oder Zerreißen des Aktors auch bei höheren Drücken und Volumenströmen mittels Formschluss verhindern. Auch bei Platzierung in der Prozessebene muss das quellende Gel die Kammer zum Schließen möglichst schnell und gut ausfüllen können, somit sollten Kammergeometrie und Gelform einander angepasst sein. Dabei ist sicherzustellen, dass das entquollene Gel die Aktorkammer nicht verschließen kann, da das Ventil ansonsten ungewollt schließen würde.

Die spezielle Gestaltung der Form der Aktorkammer bietet bei beiden Varianten Vorteile, die den nötigen höheren Fertigungsaufwand in vielen Fällen rechtfertigen. Die Realisierung einer angepassten Ausformung ist beispielsweise mit der Hybridtechnologie (Kap. 4.3.3) möglich.

## 6.2.3 Bistabilität

Ein Nachteil der bisher vorgestellten Ventile ist, dass sie lediglich monostabil sind. Sie stellen Öffnerventile dar, die im Normalzustand aufgrund der Quellung des Gelaktors geschlossen sind. Sollen sie geöffnet bleiben, muss die Temperatur der Aktoren über der Phasenübergangstemperatur gehalten werden. Dies erfordert wegen des Wärmeverlusts eine ständige Energiezufuhr.

Bistabile Ventile benötigen hingegen nur für den Umschaltvorgang zwischen geöffnetem und geschlossenen Zustand Energie. Um diese zu realisieren, ist das Quellen der Ventilaktoren auch unterhalb der Phasenübergangstemperatur zu unterbinden. Dies ist über die Kontrolle der Quellmittelversorgung möglich. So kann wie in Abb. 6.3 gezeigt

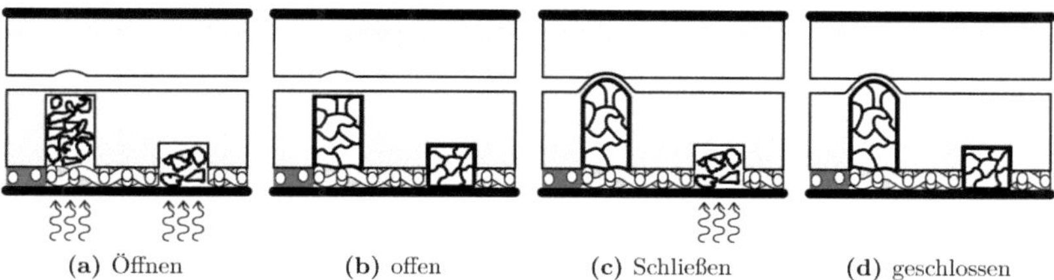



**Abbildung 6.3:** Schaltzustände und Schaltvorgänge eines bistabilen hydrogelbasierten Mikroventils. Die wellenförmigen Pfeile symbolisieren die zur Ansteuerung genutzte Wärme. Die QMV erfolgt jeweils von rechts durch die Gaze.

ein zweites wiederum monostabiles Öffnerventil in der QMV-Ebene derart platziert werden, dass es im geschlossenen Zustand die Versorgung des ersten Ventilaktors mit zusätzlichem Quellmittel verhindert. Damit quillt der Aktor bei Unterschreiten seiner Phasenübergangstemperatur unter Aufnahme des bereits in der Aktorkammer befindlichen Quellmittels zwar weiterhin, allerdings erhöht sich dabei das Gesamtvolumen nicht. Somit erfolgt keine Auslenkung der flexiblen Membran und damit kein Verschließen des Kanals, das Ventil bleibt geöffnet.

Jedoch muss zusätzlich das zweite Ventil bei jedem Schaltvorgang unter Energieaufwand geöffnet werden. Deswegen und aufgrund der höheren Komplexität ist jeweils abzuwägen, ob die Bistabilität Vorteile bringt oder ein Öffnerventil zureichend ist.

Ist die Dichtigkeit des zweiten Ventils nicht vollständig gegeben, kann es mit der Zeit trotzdem zum Quellen des Aktors des ersten Ventils und dadurch zu seinem Schließen kommen. Dies ist bei der Steuerung beispielsweise durch regelmäßiges Auslösen eines Öffnungsvorgang zu berücksichtigen.

## 6.2.4 Betrieb als Stetigventil

Prinzipiell lassen sich die vorgestellten Ventile auch als Stetigventile betreiben. Diese ermöglichen außer einem Schalten zwischen offen und geschlossen die Einstellung der Zwischenzustände und somit eines bestimmten fluidischen Widerstandes.

Da der Volumenphasenübergang der Hydrogelaktoren stetig über einen Temperaturbereich erfolgt, ist über die Temperatur die Einstellung der erforderlichen Querschnittsverengung möglich. Allerdings sind eine genaue Regelung der Temperatur und definierte

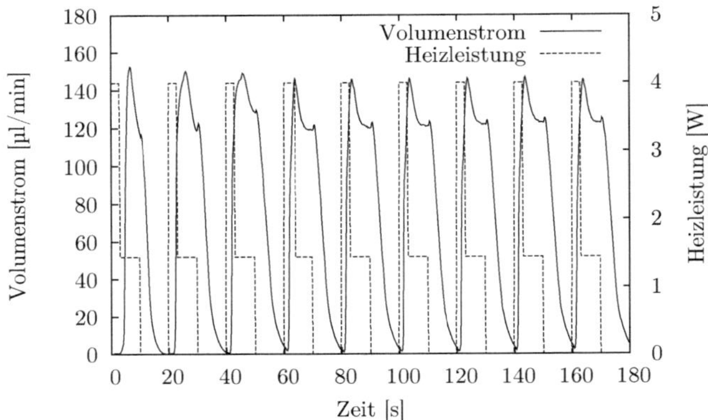

**Abbildung 6.4:** Volumenstrom durch ein einzelnes, elektrothermisch angesteuertes Ventil (PNIPAAm *in situ*, Aktor in PE). Die Zykluszeit beträgt 20 s (3 s Boost, 4 W; 7 s Ein, 1,44 W; 10 s Aus), es wurde ein Druck von ca. 30 mbar angelegt.

Eigenschaften des Ventilaktors erforderlich, um eine ausreichende Reproduzierbarkeit und damit Nutzbarkeit zu gewährleisten. Hierbei ist im Gegensatz zum Betrieb als Schaltventil ein breiterer Übergangsbereich von Vorteil, da so die Empfindlichkeit gegenüber der Temperatur gesenkt wird.

Auf die in Kap. 6.2.3 vorgestellte Weise können auch bei einem Betrieb als Stetigventil die Zwischenzustände fixiert werden.

Da für den fluidischen Prozessor kein Stetigventil benötigt wird, wurden keine Untersuchungen diesbezüglich durchgeführt.

## 6.2.5 Ergebnisse

Es konnten funktionsfähige, integrierbare Ventile mit durchaus gutem Schaltverhalten hergestellt werden. So wurde eine Zykluszeit zwischen offen und vollständig geschlossen von bis hinunter zu 20 s erreicht (Abb. 6.4).

Der Aufbau des dafür verwendeten Ventiltyps ist in Abb. 6.5 dargestellt. Die mikrofluidische Struktur aus Polyurethan wurde von einer gefrästen Matrize abgeformt, die Abdeckung besteht aus PET. Die Gestaltung der Ventilkammer im insgesamt 50 mm langen Kanal ermöglicht Formschluss. Der Aktor aus PNIPAAm wurde *in situ* durch

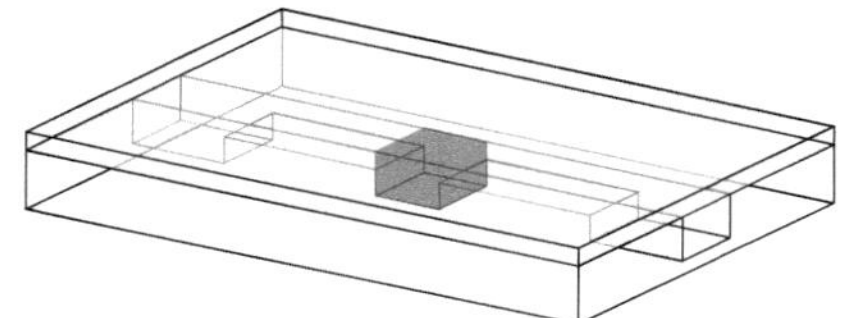

**Abbildung 6.5:** Geometrie des gemessenen Ventils. Der Sitz des dunkelgrau dargestellten Hydrogelaktors ist quaderförmig, seine Kantenlängen betragen $0{,}8 \times 0{,}8 \times 0{,}5\,\mathrm{mm}^3$. Vor und nach dem Ventil ist der Kanalquerschnitt auf $0{,}8 \times 0{,}2\,\mathrm{mm}^2$ verengt.

Fotopolymerisation hergestellt, so dass er zusätzlich an den Wänden der Ventilkammer haften konnte. Das dadurch bedingte, unkontrollierte Zerreißen des Gelaktors beim ersten Entquellen kann in diesem Fall zu dem sehr guten Schaltverhalten geführt haben.

Allerdings ist die Zuverlässigkeit der gefertigten hydrogelbasierten Mikroventilen nicht zufriedenstellend. So konnten Ventile, die bei ersten Untersuchungen funktionstüchtig waren, bei späteren Versuchen oftmals nicht erfolgreich in Betrieb genommen werden. Typische Fehlerbilder sind:

- überhaupt kein Schließen oder Öffnen,

- kein Schließen nach einmaligem Öffnen, kein Öffnen nach einmaligem Schließen,

- kein Öffnen oder Schließen nach mehreren Zyklen.

Aufgrund der unzureichenden Zuverlässigkeit wurden keine weitergehenden Untersuchungen vorgenommen. Vor einer umfassenden Charakterisierung und Optimierung ist es erforderlich, verlässlich funktionierende Ventile sicher herstellen zu können.

Für die Fehlfunktionen kommt eine Reihe von Ursachen in Betracht. Im Prozessmedium vorhandene Gasblasen bleiben im Kanal und insbesondere an den Ventilen hängen und beeinflussen den Volumenstrom teilweise in stärkerem Maße als die eigentlichen Ventile. Abb. 6.6 zeigt die Messung von vier Schließ- und Öffnungszyklen an einem in Ansätzen funktionierenden Ventil. Die deutlichen Einbrüche des Volumenstroms wurden durch Blasen verursacht, die sich im Ventilsitz sammelten und nach einiger Zeit abrissen, so dass die Strömung wieder zunahm.

Die manuelle Fertigung bedingt verhältnismäßig große Maßabweichungen, hinzu kamen wechselnde Umgebungsbedingungen (Temperatur, Luftfeuchtigkeit) sowie Verunreinigungen. Die Abweichungen lassen sich durch technische Hilfsmittel verringern, letztere sind durch Arbeiten in Reinräumen vermeidbar.

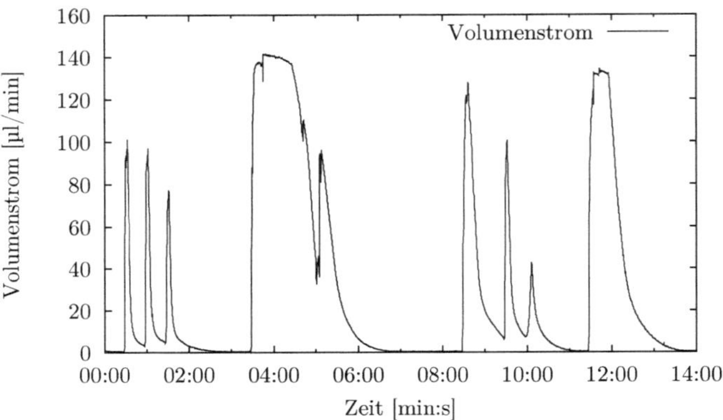

**Abbildung 6.6:** Volumenstrom durch ein einzelnes, elektrothermisch angesteuertes Ventil (sphärisches PNIPAAm-Partikel, Aktor in PE). Das typische durch Blasen verursachte zeitweise Absinken des Volumenstroms ist insbesondere beim 1. und 3. Zyklus deutlich.

Die Ergebnisse der Ventiluntersuchungen zeigen die prinzipielle Einsetzbarkeit als integrierte Bauelemente im Prozessor und die Möglichkeiten der Technologie, aber auch die Notwendigkeit weiterer Verbesserungen.

## 6.3 Diffusionspumpen

Die Aufgabe der Pumpen ist in erster Linie der Flüssigkeitstransport durch den Prozessor. Dabei können sie zusätzlich die Dosierung übernehmen, so dass beispielsweise definierte Mischungsverhältnisse eingestellt werden können.

In Diffusionspumpen [97] erfolgt der Flüssigkeitstransport durch das Hydrogel selbst, der Hydrogelaktor befindet sich im Prozessmedium, welches somit auch Quellmittel ist. Damit können nur wässrige Lösungen transportiert werden und es besteht die bereits in Kap. 6.2.1 erwähnte Gefahr unerwünschter Wechselwirkungen. Abb. 6.7 zeigt eine solche Diffusionspumpe schematisch. Die Hydrogelaktoren befinden sich in einer Kammer in der Prozessebene und sind mit einer vorgespannten, flexiblen Membran abgedeckt. Die Membran sorgt für eine Volumenänderung der einzelnen Segmente, ohne die kein Flüssigkeitstransport stattfinden würde. Die Abdeckung vermeidet ein

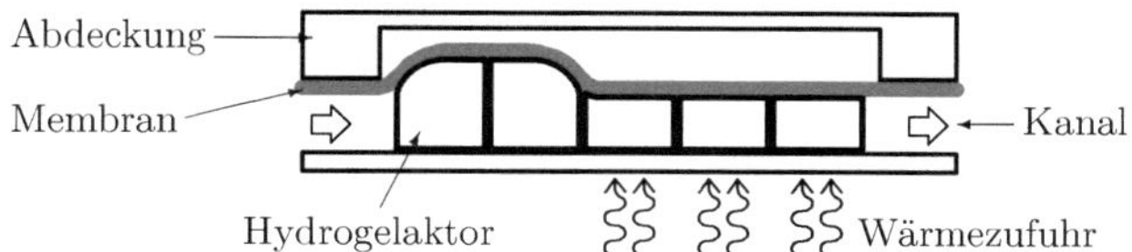



**Abbildung 6.7:** Diffusionspumpe, Schnittansicht längs des Kanals.

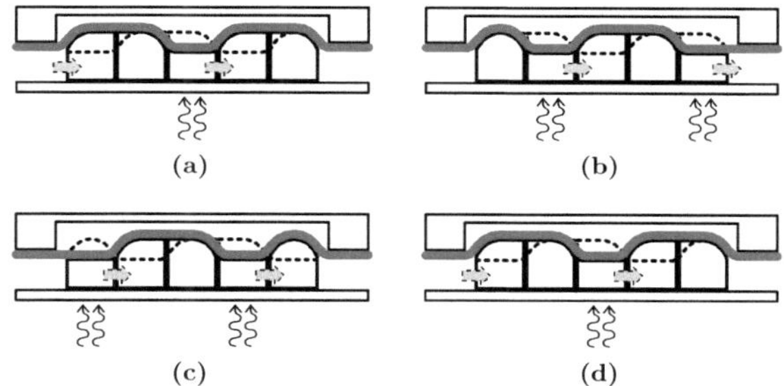



**Abbildung 6.8:** Peristaltischer Betrieb der Diffusionspumpe. Die gestrichelte Linie stellt jeweils den vorherigen Quellungszustand der Aktoren dar.

Ablösen dieser Membran, ist aber nicht direkt funktionsrelevant. Die elektrothermische Ansteuerung befindet sich unterhalb des Aufbaus.

Die Diffusion wird durch eine gezielte Ansteuerung erreicht. Werden einzelne Segmente angesteuert, lässt sich die Richtung des Flüssigkeitstransports beeinflussen [97]. Es werden pulsative und peristaltische Ansteuerung unterschieden. Der peristaltische Flüssigkeitstransport durch die einzelnen Segmente der Pumpe ist in Abb. 6.8 dargestellt. Dabei diffundiert das Prozessmedium entgegengesetzt zu der Richtung, in der die einzelnen Segmente nacheinander aufgeheizt werden. Das Prozessmedium diffundiert jeweils beim Entquellen des näher am Eingang befindlichen Segments zu dem benachbarten, vorher beheizten, entquollenen und nun quellenden Segment in Richtung Ausgang der Pumpe. Im Gegensatz zur pulsativen Betriebsart wandern dabei mehrere Flüssigkeitsfronten gleichzeitig durch die Pumpe, so dass ein zwar auch schubweiser, insgesamt jedoch gleichmäßigerer Volumenstrom erzeugt werden kann.

Soll die Diffusionspumpe zum Dosieren eingesetzt werden, muss bei bekanntem erzeugten Volumenstrom für eine festgelegte Zeit gepumpt werden. Kleine Änderungen beispielsweise der Vernetzung der Hydrogele können allerdings große Auswirkungen auf den erzeugten Volumenstrom haben. Daher ist es für eine präzise Dosierung erforderlich, die Steuerung des Dosiervorgangs entsprechend anzupassen. Zusätzlich hängt der Volumenstrom von den Umgebungsbedingungen ab, insbesondere dem Druckunterschied zwischen Ein- und Ausgang. Diese Abhängigkeit kann das Dosieren weiter erschweren.

## 6.4 Verdrängerpumpen

In Verdrängerpumpen [57; 97] sind Aktoren und Prozessmedium durch eine elastische Membran getrennt. Der Aufbau einer Verdrängerpumpe ist in Abb. 6.9 dargestellt. Die Hydrogelaktoren lenken die Membran beim Quellen aus und verdrängen damit das Prozessmedium, die Kammer wird entleert. Durch die Rückstellkraft der Membran können diese Pumpen prinzipiell auch saugend arbeiten.

Während bei Diffusionspumpen das Verrichten der Arbeit und die Richtungsbestimmung des Pumpvorgangs in einem Element erfolgt, geschieht letzteres bei Verdrängerpumpen meist getrennt, etwa durch vor- und nachgeschaltete Ventile. Ist die Arbeitsrichtung festgelegt, können Rückschlagventile an Ein- und Ausgang eingesetzt werden. Flexibler ist der Einsatz schaltbarer Ventile, sie ermöglichen ein Wechseln der Pumprichtung. Ist die Pumpe dagegen Teil eines Systems, wie es beim Einsatz in mikrofluidischen Prozessoren der Fall ist, kann die Festlegung der Pumprichtung durch geeignete Ansteuerung vor- und nachgeschalteter Elemente erfolgen, so dass keine zusätzlichen Ventile nötig sind.

Da das verdrängbare Volumen durch die Geometrie der Pumpe definierbar ist, kann sie zur Dosierung genutzt werden. Somit ist beispielsweise das Herstellen von Stoffgemischen mit definiertem Mischungsverhältnis möglich. Dies stellt eine häufige Anforderung in mikrofluidischen Prozessoren dar.

Tab. 6.2 zeigt eine kurze Gegenüberstellung von Diffusions- und Verdrängerpumpen sowie eine Bewertung der relevanten Eigenschaften. Auf die Integration der Diffusionspumpen in den Prozessor wurde zugunsten der Verdrängerpumpen verzichtet.

**Tabelle 6.2:** Gegenüberstellung von Diffusions- und Verdrängerpumpen.

|  | Diffusionspumpe | Verdrängerpumpe |
|---|---|---|
| Wechselwirkung Hydrogel-PM | möglich $--$ | ausgeschlossen $++$ |
| Aufwand Ansteuerung | hoch $-$ | gering $+$ |
| Richtungsbestimmung | möglich $++$ | weitere Elemente nötig $-$ |
| Dosierung | aufwändig | ja $++$ |

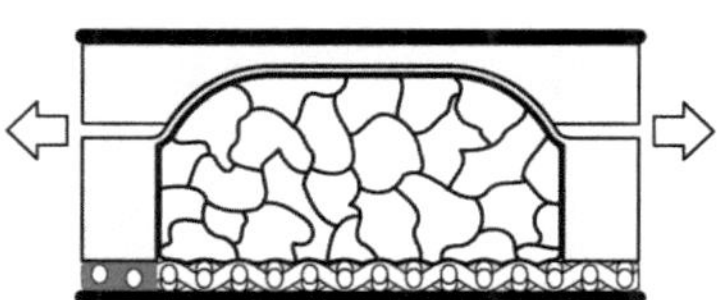

(a) Gelaktoren gequollen, Pumpenkammer entleert

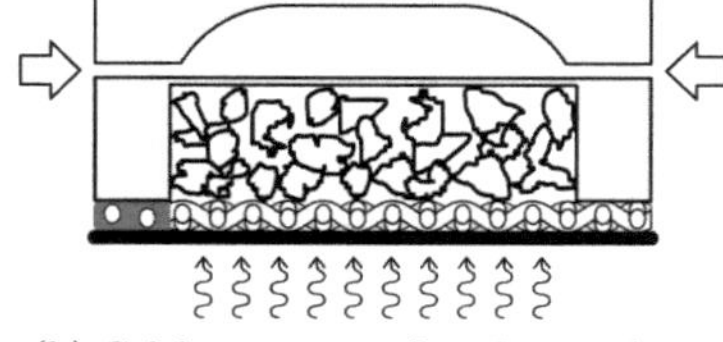

(b) Gelaktoren entquollen, Pumpenkammer gefüllt

**Abbildung 6.9:** Pumpenkammer einer Verdrängerpumpe mit Hydrogelaktoren.

## 6.4.1 Aufbau

Der Aufbau der Pumpenkammern der entwickelten Verdrängerpumpen entspricht weitestgehend dem der in Abb. 6.2a auf Seite 97 dargestellten Ventilvariante. Der Hydrogelaktor befindet sich in der Aktorebene und lenkt beim Quellen die flexible Membran aus. Die gespannte Membran übt die Rückstellkraft aus. Im Gegensatz zu den Ventilen steht nicht ein möglichst dichtes Verschließen der Kammer, sondern das Verdrängen eines Volumens im Vordergrund.

Analog zu den Öffnerventilen quillt der Aktor, wenn er nicht mithilfe von Wärme über der Phasenübergangstemperatur gehalten wird, so dass die Pumpenkammer entleert wird. Soll sie für längere Zeit gefüllt bleiben oder ist die erhöhte Temperatur problematisch, kann mittels Steuerung der Quellmittelversorgung ein bistabiles Verhalten erreicht werden (Kap. 6.2.3). Dies kann beispielsweise erforderlich sein, wenn die Pumpenkammer als Reaktorkammer dienen soll (Kap. 6.1.2).

Abb. 6.10a zeigt die wirkenden Kräfte beim Befüllvorgang. Für das Befüllen der Pumpenkammer ist bei entquollenem Hydrogelaktor folgende Bedingung zu erfüllen:

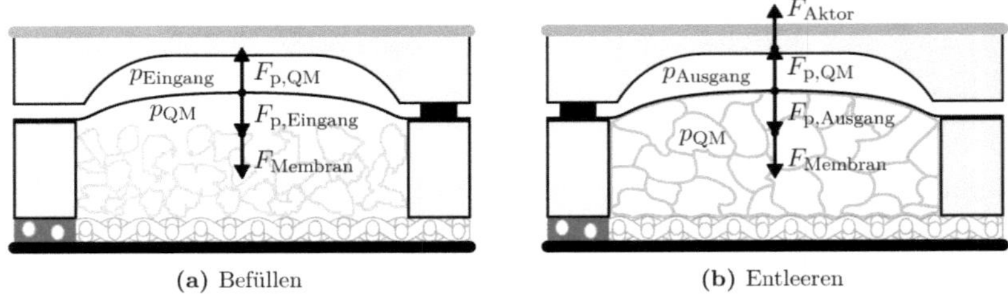



(a) Befüllen

(b) Entleeren

**Abbildung 6.10:** Auf die Trennmembran wirkende Kräfte beim Befüllen und Entleeren der Pumpenkammer.

$$F_{\text{Membran}} > F_{\text{p,QM}} - F_{\text{p,Eingang}}$$

Die Kammer wird demzufolge so lange befüllt, wie die Rückstellkraft der ausgelenkten Membran $F_{\text{Membran}}$ größer als die Kraft ist, die aus der Druckdifferenz zwischen Prozessebene ($p_{\text{Eingang}}$) und QMV-Ebene ($p_{\text{QM}}$) resultiert.

Eine Rückstellkraft und damit ein Vorspannen der Membran ist lediglich dann erforderlich, wenn $p_{\text{Eingang}}$ zu klein oder $p_{\text{QM}}$ zu groß ist. Die gespannte Membran ermöglicht einen saugenden Betrieb, allerdings sind die überwindbaren Druckdifferenzen eher gering. Die maximale Rückstellkraft wird durch die mögliche Auslenkung, also die Höhe der Pumpenkammer, und die Federkonstante der durch die gespannte Membran gebildeten Membranfeder begrenzt. Die erneute Auslenkung der Membran hat durch die Hydrogelaktoren zusätzlich beim Entleeren der Kammer zu erfolgen.

Für den dosierenden Betrieb muss die Kammer mit einem definierten Volumen befüllt werden. Dies setzt voraus, dass beim Schließen des Eingangsventils die Auslenkung der Membran und daher die Druckdifferenz zwischen den beiden Kammern definiert ist. Eine naheliegende Lösung dieses Problems besteht darin, beide Drücke gleich zu halten. Das kann beispielsweise durch einen Druckausgleich mit der Umgebung erfolgen.

Das Entleeren geschieht durch das Auslenken der Trennmembran mittels des quellenden Gelaktors und damit durch das Verdrängen des Prozessmediums aus der Pumpenkammer.

Abb. 6.10b zeigt, dass der Aktor dabei gegen die Kräfte arbeiten muss, die aufgrund der Vorspannung der Membran $F_{\text{Membran}}$ und der Druckdifferenz zwischen QMV-Ebene ($F_{\text{p,QM}}$) und Ausgangsseite ($F_{\text{p,Ausgang}}$) wirken. Vorausgesetzt, dass die Membran die Prozessebene in der Pumpenkammer noch nicht berührt, erfolgt das Leeren der Kammer, so lange folgende Bedingung erfüllt ist:

$$F_{\text{Aktor}} > F_{\text{Membran}} + F_{\text{p,Ausgang}} - F_{\text{p,QM}} \, .$$

## 6.4.2 Betriebsarten

Die Verdrängerpumpen können verschieden betrieben werden:

- saugend / nicht saugend ($\rightarrow$ Befüllung durch vorgeschaltete Elemente oder eine externe Druckquelle)
- mit Ventilen / ohne Ventile ($\rightarrow$ System aus Pumpen)
- periodisch / im Single-Shot-Betrieb.

Der saugende, periodische Betrieb mit Einsatz von Ventilen ist vor allem von Bedeutung, wenn die einzelne Pumpe betrachtet wird.

Für den Einsatz im Mikrofluidikprozessor steht der mehrstufige, dosierende Betrieb im Vordergrund. Somit können die jeweils nachgeschalteten Pumpenkammern durch die vorhergehende Stufe befüllt werden und der ohnehin problematische saugende Betrieb vermieden werden.

Soll anstelle eines definierten Volumens hingegen ein möglichst großer, nicht zwingend definierter Volumenstrom erreicht werden, ist es nicht notwendig, die Pumpenkammer restlos zu entleeren. Es kann die Zykluszeit reduziert werden, womit der durchschnittliche Volumenstrom aufgrund des höheren Volumenstroms zu Beginn sowohl des Entleerens als auch des Befüllens der Kammer steigt.

## 6.4.3 Ergebnisse

Die aufgebauten Pumpen arbeiteten zuverlässiger als die Ventile, somit konnten umfassendere Untersuchungen durchgeführt werden.

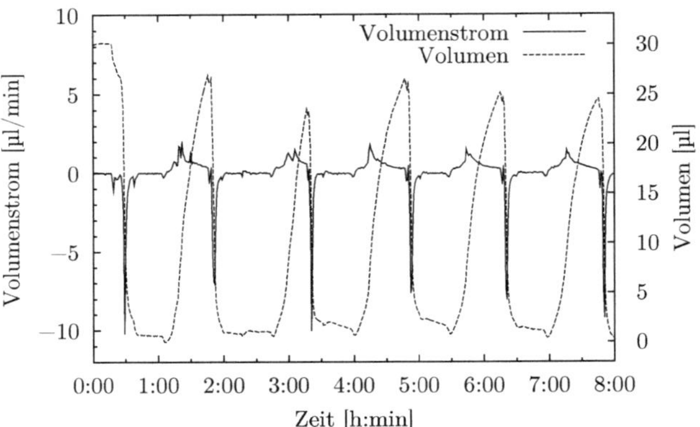

**Abbildung 6.11:** Mittels Pumpenkammer erzeugter Volumenstrom bei einem Gegendruck von 25 mbar ohne separate QMV-Ebene. Ansteuerung: 45 min Füllen, 45 min Entleeren. Gemessen wurde das Volumen des aus der Pumpenkammer herausgedrückten Prozessmediums.

Bei der ersten Generation der Pumpen ohne eigene Quellmittelversorgungsebene erfolgte die QMV-Versorgung von der Seite. Das Diagramm in Abb. 6.11 zeigt das Verhalten einer solchen Pumpe. Insbesondere das durch das Quellen des Gels bewirkte Herausdrücken des Prozessmediums (positiver Volumenstrom im Diagramm) geschieht vergleichsweise langsam. In Abb. 4.3 auf Seite 49 links unten ist eine solche Pumpe ohne separate QMV-Ebene dargestellt. Die Pumpe hat eine Fläche von 150 mm². Die Höhe der Kammern sowohl in der Aktor- als auch in der Prozessebene beträgt ca. 200 µm, die Volumen damit jeweils 30 µl.

Das deutlich langsamere Quellen als Entquellen der Gelpartikel in der Aktorkammer lässt sich durch die Abläufe beim Quellen und Entquellen erklären: Im entquollenen Zustand, im Falle des verwendeten PNIPAAm oberhalb der Phasenübergangstemperatur $\vartheta_{\mathrm{PÜ}}$, schwimmen die Gelpartikel in ihrem Quellmittel. Bei Unterschreiten der $\vartheta_{\mathrm{PÜ}}$ beginnen sie (frei) zu quellen und nehmen das vorhandene Quellmittel auf, dabei ändert sich das Gesamtvolumen von Quellmittel und Gel noch nicht. Aufgrund ihrer Weichheit wirken die Gelpartikel zusammen insbesondere bei höheren Quellungsgraden zunehmend wie ein großer Gelkörper.

Erst wenn das gesamte in der Aktorkammer befindliche Quellmittel aufgenommen ist, beginnt das Gel, das Volumen der Aktorkammer zu vergrößern und mechanische Arbeit

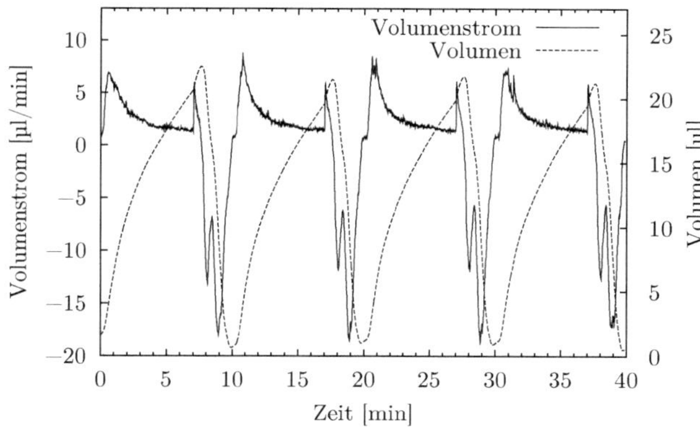



**Abbildung 6.12:** Mittels Pumpenkammer bei einem Gegendruck von 25 mbar erzeugter Volumenstrom.

zu verrichten, indem es die Membran auslenkt und gegen den Druck am Ausgang der Pumpe arbeitet. Dazu muss das über die QMV zugeführte Quellmittel in und durch das gesamte Gel diffundieren, der Diffusionsweg ist somit vergleichsweise lang.

Beim Entquellen hingegen wird das Wasser von den einzelnen Partikeln abgegeben, eine Diffusion findet nur innerhalb der Partikel statt, die Diffusionswege sind damit kurz.

Wie Formel 2.3 auf Seite 17 zeigt, nimmt die Zeitkonstante des Quellvorgangs proportional zum Quadrat des Diffusionsweges zu. Der Diffusionsweg bestimmt somit maßgeblich die Geschwindigkeit des Quellvorgangs.

Der durch die Pumpe erzeugte maximale und mittlere Volumenstrom konnte durch die separate QMV-Ebene und damit einhergehende Verkürzung der Diffusionswege während des Quellens bei vergleichbarer Geometrie der Aktorkammer deutlich erhöht werden (Abb. 6.12). Durch die QMV-Ebene erfolgt die Versorgung des Gels in der großflächigen, aber flachen Aktorkammer nicht mehr von der Seite, sondern vollflächig von unten. Dadurch wird der längste Diffusionsweg nicht mehr von der Breite, sondern der deutlich geringeren Höhe der Kammer bestimmt.

Der erzeugbare Volumenstrom hängt wesentlich vom Gegendruck ab. Das Diagramm in Abb. 6.13 zeigt die mittleren Volumenströme zweier Pumpen mit verschieden hohen Aktorkammern in Abhängigkeit vom Druck. Dabei wurden die Ansteuerzeiten jeweils angepasst, um einen möglichst hohen Volumenstrom zu erreichen. Das Verhalten der beiden Pumpen ist aufgrund unterschiedlicher geometrischer Abmessungen nicht direkt

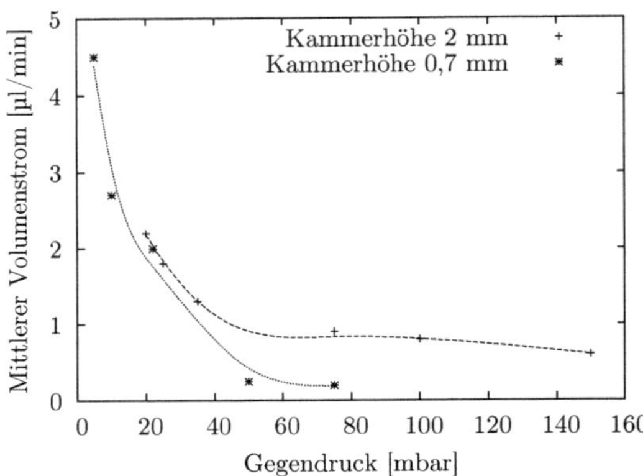



**Abbildung 6.13:** Mittels Verdrängerpumpen erzeugte mittlere Volumenströme bei verschiedenen Gegendrücken.

mit dem der Pumpe von Abb. 6.11 vergleichbar. Die Fläche der Pumpen beträgt ebenfalls $150\,\text{mm}^2$, die Höhe der Aktorkammer $0{,}7\,\text{mm}$ bzw. $2\,\text{mm}$, das Volumen der Aktorkammer somit $105\,\mu\text{l}$ bzw. $600\,\mu\text{l}$.

Teilweise löste sich die Trennmembran nach vollständigem Entleeren der Pumpenkammer nicht mehr von der Prozessebene. Dieses Problem lässt sich durch eine größere Kammerhöhe oder höhere Vorspannung umgehen, falls nicht vorgeschaltete Elemente die Pumpenkammer befüllen. Ebenso sollte es möglich sein, das Anhaften durch eine Oberflächenbehandlung oder das Verwenden anderer Materialien zu vermeiden.

# 7 Mikrofluidischer Prozessor

## 7.1 Aufgabe

Bioreaktorüberwachung ist eine Standardaufgabe in der Biotechnologie. Die Bedingungen hinsichtlich der ablaufenden Prozesse in einem solchen Reaktor sollen stündlich automatisiert untersucht werden, so dass bei Bedarf steuernd in den Reaktor eingegriffen werden kann. Für die Beurteilung kann die enzymatische Aktivität der aus dem Reaktor entnommenen Proben herangezogen werden. Diese hängt in erster Linie von der Konzentration der enthaltenen aktiven Laccase ab.

### 7.1.1 Bestimmung der Enzymkonzentration anhand der Reaktionskinetik

Die Laccase wirkt wie alle Enzyme als Biokatalysator. Sie ist in der Lage, das im Prozessor als Substrat verwendete chromogene ABTS (Diammoniumsalz der 2,2'-Azino-di-(3-ethylbenzthiazolin)-6-sulfonsäure) zu oxidieren. Dabei entstehen als Reaktionsprodukt stabile radikalische Kationen ($ABTS^{\bullet+}$), welche die vorher klare Lösung grün färben. Dadurch ist eine photometrische Bestimmung der Produktkonzentration möglich. Die Enzymkonzentration bzw. -aktivität kann über die Geschwindigkeit der Konzentrationszunahme des Reaktionsproduktes ermittelt werden. [124]

Um vergleichbare Ergebnisse zu erhalten, muss gewährleistet werden, dass während der Analyse im mikrofluidischen Prozessor konstante bzw. definierte Reaktionsbedingungen herrschen. Insbesondere sind dies:

- die Temperatur
- der pH-Wert
- die (anfängliche) Substratkonzentration.

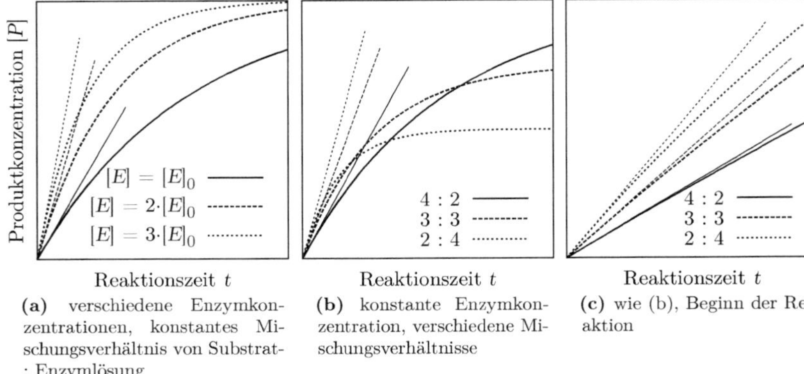



(a) verschiedene Enzymkonzentrationen, konstantes Mischungsverhältnis von Substrat : Enzymlösung

(b) konstante Enzymkonzentration, verschiedene Mischungsverhältnisse

(c) wie (b), Beginn der Reaktion

**Abbildung 7.1:** Zunahme der Produktkonzentration im Laufe der enzymatischen Umsetzung eines Substrats. Die dünnen Linien zeigen die Anfangsgeschwindigkeiten der Reaktionen. Die Mischungsverhältnisse sind die Verhältnisse von Substrat- zu Enzymlösungen, wobei die Substratkonzentration jeweils gleich ist.

Der pH-Wert wird durch Zugabe einer Pufferlösung eingestellt, dies soll sowohl für die Probe als auch für die Substratlösung durch den Prozessor durchgeführt werden. Die Substratlösung wird vom Prozessor direkt verarbeitet, d. h. es ist bei ihrer Herstellung auf die korrekte Konzentration zu achten. Die Temperatur kann entweder durch eine integrierte Regelung mittels der elektrothermischen Schnittstelle (ETS) oder durch Sicherstellen einer konstanten Umgebungstemperatur definiert werden. Eine weitere Voraussetzung für die Bestimmung der Enzymaktivität ist die ausreichende Durchmischung der Reaktionslösung. Dies ist ebenfalls Aufgabe des Prozessors.

Abb. 7.1a zeigt qualitativ die erwarteten Verläufe der enzymatischen Umsetzung des Substrats bei verschiedenen Enzymkonzentrationen. Die Anfangsgeschwindigkeit der Reaktion ist proportional zur Konzentration bzw. Aktivität des Enzyms. Die Endkonzentration des Produktes hängt von der Substratkonzentration und nicht von der Enzymkonzentration ab, sie wird lediglich unterschiedlich schnell erreicht [125]. Aus diesem Grund ist eine Endpunktanalyse nicht zur Bestimmung der Enzymaktivität geeignet. Allerdings ermöglicht das Bestimmen der Produktkonzentration nach einer definierten Zeit in einem geeigneten Fenster nach Start der Reaktion – zum Messzeitpunkt $t_\mathrm{M}$ – das Ermitteln der Enzymkonzentration.

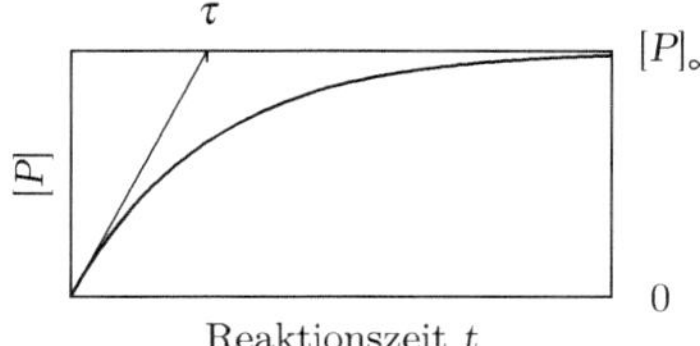



**Abbildung 7.2:** Exponentielle Zunahme der Produktkonzentration $[P]$ im Laufe der enzymatischen Reaktion.

Die in Abb. 7.1b und 7.1c dargestellten unterschiedlichen zeitlichen Verläufe lassen sich beispielsweise dazu nutzen, dieselbe Enzymkonzentration unter verschiedenen Bedingungen zu bestimmen und die Ergebnisse so zu überprüfen.

Die Verläufe enzymatischer Reaktionen, wie sie in Abb. 7.1 gezeigt werden, lassen sich durch eine Exponentialfunktion beschreiben:

$$[P](t) = [P]_\infty \cdot \left(1 - e^{\frac{t}{\tau}}\right) . \tag{7.1}$$

Abb. 7.2 zeigt den Verlauf dieser Funktion und ihre beiden Parameter $[P]_\infty$ und $\tau$. $[P]_\infty$ ist die Produktkonzentration, die nach unendlich langer Reaktionsdauer erreicht würde. Sie hängt wie bereits beschrieben lediglich von der Substratkonzentration ab und lässt sich näherungsweise durch Messen und Extrapolieren ermitteln. Die Zeitkonstante $\tau$ ist dagegen ein Maß für die Reaktionsgeschwindigkeit. Je aktiver das in der Probe enthaltene Enzym ist und je schneller daher die Reaktion verläuft, desto kleiner ist die Zeitkonstante $\tau$. Damit ist $\tau$ als Wert zur Beurteilung der Enzymaktivität geeignet.

Mit bekanntem $[P]_\infty$ kann die Zeitkonstante $\tau$ aus einem Messwert $[P](t_\mathrm{M})$ zum Zeitpunkt $t_\mathrm{M}$ berechnet werden.

$$\tau = \frac{t_\mathrm{M}}{\ln \frac{[P]_\infty}{[P]_\infty - [P](t_\mathrm{M})}} . \tag{7.2}$$

Die Produktkonzentration soll photometrisch bestimmt werden.

## 7.1.2 Photometrische Bestimmung der Produktkonzentration

Das LAMBERT-BEERsche Gesetz beschreibt für monochromatisches Licht und geringe Schichtdicken der Lösung $d_{\text{Lös}}$ die Absorption bzw. Extinktion $E_\lambda$ eines gelösten Stoffes in Abhängigkeit von seiner Konzentration $c$ [126]:

$$E_\lambda = \log \frac{I_0}{I_1} = \varepsilon_\lambda \cdot c \cdot d_{\text{Lös}} \,. \tag{7.3}$$

Dabei sind $\varepsilon_\lambda$ der stoffspezifische molare Absorptionskoeffizient bei der Wellenlänge $\lambda$, $I_0$ die Intensität des eingestrahlten und $I_1$ die Intensität des transmittierten Lichtes.

Die Konzentration $c(t_{\text{M}})$ des gelösten Stoffes zum Zeitpunkt $t_{\text{M}}$ ist somit proportional zur Extinktion $E_\lambda$ zu diesem Zeitpunkt. Hier ist die Konzentration $c$ die des Reaktionsproduktes $[P]$:

$$[P](t_{\text{M}}) = c(t_{\text{M}}) = \frac{1}{\varepsilon_\lambda \cdot d_{\text{Lös}}} \cdot E_\lambda(t_{\text{M}}) \,. \tag{7.4}$$

Aufgrund der Proportionalität zwischen der Extinktion $E_\lambda$ und der Konzentration $c$ bzw. $[P]$ lässt sich $\tau$ gemäß Gl. 7.2 auch direkt aus der Extinktion ermitteln:

$$\tau = \frac{t_{\text{M}}}{\ln \frac{E_{\lambda,\infty}}{E_{\lambda,\infty} - E_\lambda(t_{\text{M}})}} \,. \tag{7.5}$$

Daher ist es nicht erforderlich, $\varepsilon_\lambda$ und $d_{\text{Lös}}$ zu kennen. Die eigentliche photometrische Auswertung der Produktkonzentration soll durch Beobachtungskammern hindurch mittels eines externen Geräts erfolgen und ist nicht Gegenstand dieser Arbeit.

## 7.1.3 Festlegungen

Die gepufferte Probe und das ebenfalls gepufferte Substrat sind parallel in verschiedenen Verhältnissen zu mischen und zur Auswertung bereitzustellen. Somit werden drei Ausgangsstoffe verwendet: Probe, Substrat und der Puffer. Das Enzym Laccase ist die zu untersuchende Probe. Als Puffer dient Malonatpuffer mit dem pH-Wert 6 und einer Konzentration von $(5 \dots 10)$ mmol/l, wobei der Puffer auch als Waschlösung zum Spülen des Prozessors nach dem eigentlichen Programmablauf dient. Als Substrat

wird das chromogene, nach Oxidation grüne und damit gut photometrisch auswertbare
ABTS eingesetzt.

Es sind die in Abb. 7.1b und 7.1c dargestellten zeitlichen Verläufe der Produktkonzentration und damit der Extinktion zu erwarten. Um bei Bedarf weitere Untersuchungen
zu ermöglichen, soll das Reaktionsvolumen etwa 20 µl betragen.

Der Prozessablauf lässt sich in vier Hauptschritte gliedern. Als erstes erfolgt das
Einstellen von Probe und Substrat durch Mischen mit dem Puffer im Verhältnis 1:1.
Im nächsten Schritt sollen die eingestellte Probe und das eingestellte Substrat jeweils
in Verhältnissen 1:2, 1:1 und 2:1 gemischt werden. Nach einer definierten Reaktionszeit
erfolgt das Einfüllen der Reaktionsprodukte in eine Beobachtungskammer, in der die
photometrische Messung erfolgen kann. Schlussendlich wird der Prozessor durch Spülen
mit der Pufferlösung für den nächsten Prozess vorbereitet.

# 7.2 Prozessorgestaltung und Prozessablauf

## 7.2.1 Mikrofluidische Schaltung

Aus dem beschriebenen Prozess wurden unter Berücksichtigung der realisierbaren
Elemente der fluidische Schaltplan und der grundlegende Ablauf entwickelt. Der Prozess
geht nicht kontinuierlich, sondern schrittweise vonstatten. Alle durchzuführenden
Schritte lassen sich auf Pumpvorgänge zurückführen. Zum Pumpen von einer zur
nächsten Stufe werden die Pumpen der vorherigen Stufe vollständig entleert und die
Pumpen der folgenden Stufe gefüllt. Das Mischen erfolgt, indem jeweils zwei Pumpen
ihren Inhalt gleichzeitig und vollständig durch die Mischer drücken. Die einzelnen
Mischungsverhältnisse werden durch die Volumina der Kammern der beiden beteiligten
Pumpen bestimmt.

Der entwickelte Schaltplan ist in Abb. 7.3 dargestellt. In ihm finden sich die durchzuführenden Schritte in den Stufen wieder. In Stufe 1 erfolgt das Einstellen des pH-Wertes,
in Stufe 2 das Mischen von Substrat und Enzym in verschiedenen Verhältnissen und in
Stufe 3 die Reaktion sowie Beobachtung. In der ersten Stufe werden die Enzymprobe
und das Substrat jeweils im Verhältnis 1:1 mit der Pufferlösung gemischt und in die
zweite Stufe gedrückt. Dort werden die Proben- und die Substratlösung von jeweils
drei Pumpen verschiedener Volumina aufgenommen. Die Pumpenpaare, von denen

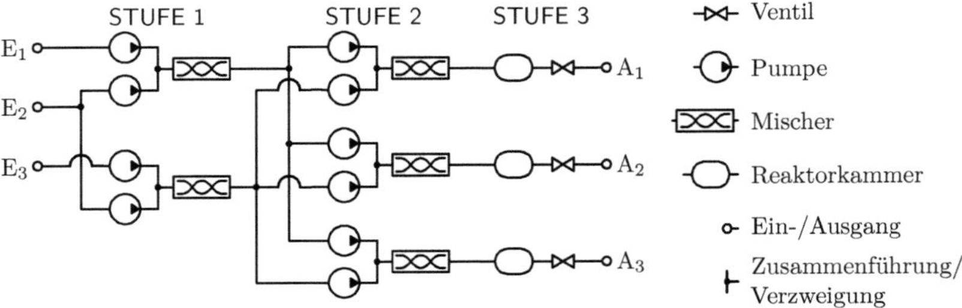

**Abbildung 7.3:** Fluidischer Schaltplan des mikrofluidischen Prozessors und verwendete Symbole. Eingänge: $E_1$ - Probe (Enzym), $E_2$ - Pufferlösung, $E_3$ - Substrat; Ausgänge $A_1$, $A_2$ und $A_3$: Produkte der Enzymreaktionen.

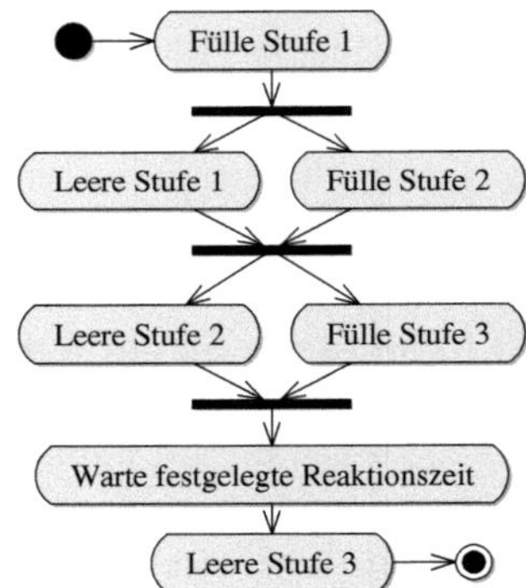

**Abbildung 7.4:** Grundlegender Ablauf des Prozesses anhand des gezeigten Schaltplans. Durch gleichzeitiges Leeren und Füllen werden die Reagenzien von Stufe zu Stufe gepumpt und währenddessen entsprechend der Pumpenvolumina gemischt. Der Spülvorgang ist nicht dargestellt.

nun jeweils eine Pumpe mit Proben- und eine mit Substratlösung gefüllt ist, haben Volumenverhältnisse von 1:2, 1:1, und 2:1. Durch gleichzeitiges Entleeren aller sechs Pumpen werden drei Lösungen mit diesen drei Verhältnissen in die dritte Stufe gegeben. In dieser werden die Reaktor- bzw. Beobachtungskammern mit den Lösungen gefüllt. Diesen Ablauf zeigt Abb. 7.4.

Das Spülen des Prozessors erfolgt, indem lediglich die Pufferlösung von Stufe zu Stufe gepumpt wird. Es ist auch möglich, schon mit dem nächsten Durchlauf zu beginnen, sobald die erste Stufe entleert wurde – analog zum „Pipelining" bei Mikroprozessoren. So lässt sich der Durchsatz der Messungen erhöhen, wobei diese Steigerung mit der Anzahl der Stufen korreliert.

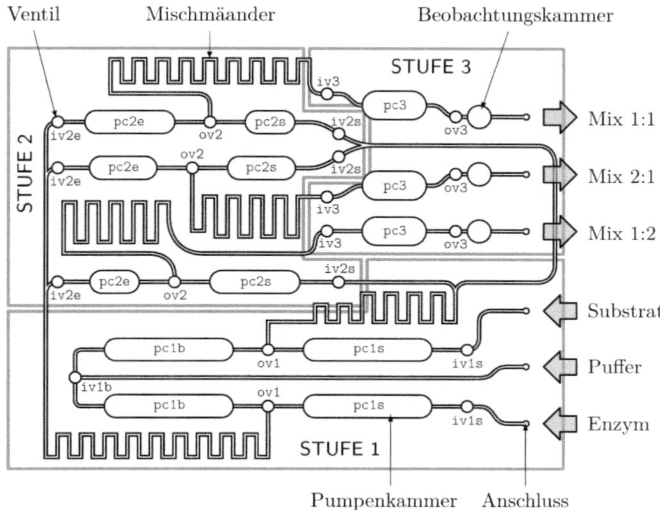


**Abbildung 7.5:** Layout des mikrofluidischen Prozessors.

## 7.2.2 Layout des Prozessors

Abb. 7.5 zeigt das aus dem fluidischen Schaltplan unter Berücksichtigung der technologischen Möglichkeiten entwickelte Prozessorlayout. Insbesondere bei den aktiven Elementen besteht durch das Quellen der Gelaktoren die Gefahr des Ablösens. Daher wurde versucht, bei der Anordnung der Elemente einen möglichst großen Abstand zwischen diesen einzuhalten, um eine großflächige Verbindung zwischen Aktor- und Prozessebene zu erreichen.

Auch im Layout finden sich die drei Stufen wieder. In jeder Stufe befinden sich Ventile und Pumpenkammern, letztere mit den gewünschten Volumenverhältnissen. In den Mischmäandern zwischen den Stufen erfolgt das Mischen während der Pumpvorgänge. Die Pumpenkammern in Stufe 3 dienen als Reaktorkammer, somit ist ein vollständiges Entleeren möglich. Die zylindrische Beobachtungskammern hinter den Pumpen der dritten Stufe können nach Ablauf der Reaktionszeit befüllt werden.

Die gezeigten Elemente tragen Bezeichnungen, die auch im Steuerprogramm für den Prozess im folgenden Kapitel und Anhang B.2 genutzt werden. Die verwendeten

**Tabelle 7.1:** Abkürzungen in den Bezeichnungen der aktiven Elemente. pc2e ist eine Pumpenkammer für das Enzym in der zweiten Stufe. Die ersten beiden Buchstaben benennen den Elementtyp, die Ziffer die Stufe und der letzte Buchstabe das Medium.

| Bezeichnung | Englische Bezeichnung | Abkürzung |
|---|---|---|
| Einlassventil | inlet valve | iv |
| Auslassventil | outlet valve | ov |
| Pumpenkammer | pump chamber | pc |
| Enzym (Probe) | enzyme | e |
| Pufferlösung | buffer solution | b |
| Substrat | substrate | s |

Abkürzungen zeigt Tab. 7.1. Elemente, die für im Rahmen der gestellten Aufgabe stets parallel genutzt werden können, wurden gruppiert, tragen die gleiche Bezeichnung und werden auch gemeinsam angesteuert. So werden beispielsweise in der ersten Stufe sowohl die Elemente für das Enzym als auch die für das Substrat mit 1s bezeichnet. Einige Elemente, wie die Ausgangsventile der ersten Stufe ov1, wurden auch auf dem Prozessor selbst zu einem Element zusammengefasst.

## 7.2.3 Steuerprogramm und elementbasierter Ablauf

Aus dem in den vorherigen Kapiteln beschriebenen grundlegenden Ablauf und Prozessorlayout lässt sich das Programm für die Steuereinheit erzeugen. Die Elemente und der Prozessoraufbau finden sich im Eingabeprogramm in Anhang B.2.1 auf Seite 137 als Definition der Grundelemente, der Ablauf als Festlegen der Aktionen wieder. Bei ersterem werden ihr erwartetes zeitliches Verhalten, d. h. die Quell- und Entquellzeit, sowie die Steuerleitung und die Bezeichnung angegeben. Aus den definierten Grundelementen werden dann die Pumpen und aus diesen wiederum die Stufen zusammengesetzt. Der in Abb. 7.4 dargestellte Ablauf spiegelt sich direkt im Eingabeprogramm wieder.

Der in Kap. 5.4.3 und 5.4.4 beschriebene Algorithmus erstellt aus diesem Eingabeprogramm einen Zeitablauf und daraus zum einen das Steuerprogramm und zum anderen eine grafische Darstellung des Ablaufs.

Diese Darstellung zeigt Abb. 7.6, wobei hier auch der Spülvorgang visualisiert ist. Automatisch aus dem Zeitablauf erzeugt wurden die Steuerbefehle („Boost" und „Ein", ansonsten „Aus") und die erwartete Quellung der Aktoren in den jeweiligen Elementen. Letztere ist stark vereinfacht, ihr Verlauf wird linear von Beginn des Heizvorgangs bis

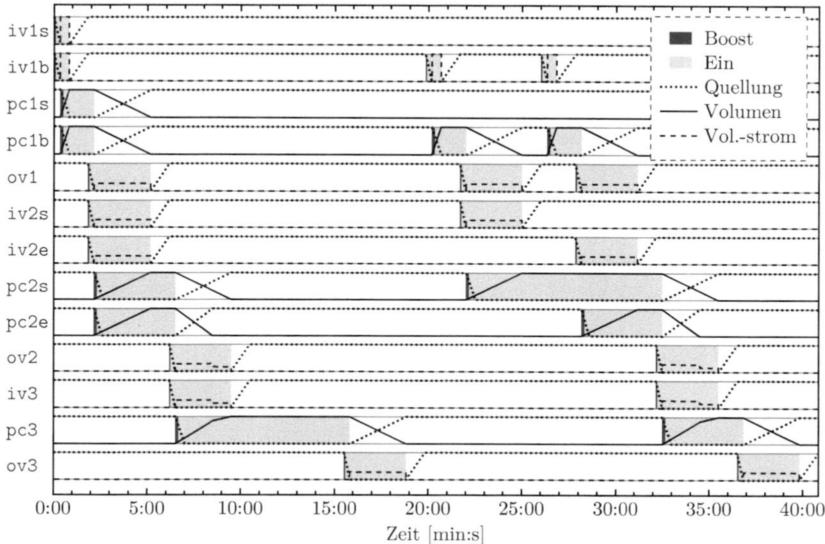



**Abbildung 7.6:** Ablaufplan des erzeugten Steuerprogramms für die Elemente gemäß Abb. 7.5. Die Schaltzustände der elektrothermischen Schnittstelle sind durch die graue Hinterlegung dargestellt. Die Linien zeigen annäherungsweise die erwarteten Parameterverläufe.

zum Abschluss der Quellung angenommen, analoges gilt für das Entquellen. Weder Verzögerungen durch die thermischen Eigenschaften noch die Quelldynamik finden Berücksichtigung.

Anhand dieser Quellverläufe wurden manuell qualitativ die resultierenden Füllvolumina der Pumpenkammern und die Volumenströme in den Ventilen hinzugefügt.

Das parallel per Software erzeugt Steuerprogramm ist in Anhang B.2.2 zu finden. Es enthält lediglich die Zeitpunkte und jeweiligen Steuerbefehle sowie Kommentare.

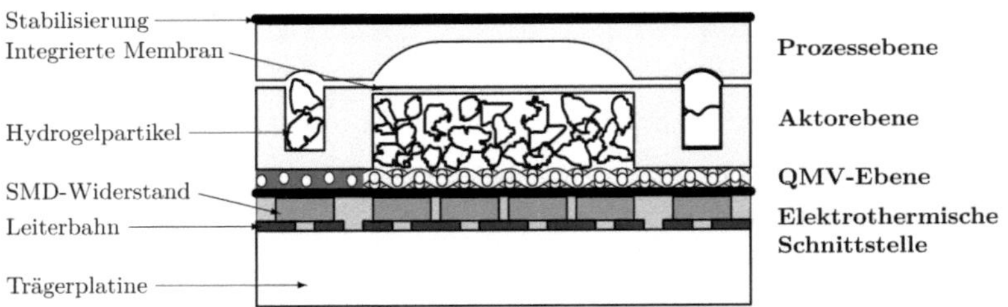



**Abbildung 7.7:** Aufbau des Prototypen des mikrofluidischen Prozessors. An der dargestellten Variante wurden die Messungen in Abb. 7.12 und 7.14a durchgeführt.

## 7.3 Fertigung

### 7.3.1 Verwendete Technologievarianten

Es wurden mehrere Prototypen vollständiger Prozessoren mit dem vorgestellten Layout hergestellt. In Abb. 7.7 ist ihr grundsätzliche Aufbau dargestellt, wobei die verwendeten Hydrogele variieren. Die gezeigte Variante wurde gewählt, da sich mit ihr die Prototypen am zuverlässigsten aufbauen ließen. Das genutzte Polyurethan erlaubt das Verwenden der PET-Stabilisierungen, die die allgemeine Handhabung und die Positionierung der Ebenen zueinander deutlich vereinfachen. Durch die integrierte Membran erübrigt sich die Problematik ihres Ablösens von der Aktorebene beim Quellen der Hydrogelaktoren.

Die Herstellung der Prozessebene erfolgte ebenso wie die der Aktorebene durch Abformung. Für die Fertigung der Urform der Prozessebene (Abb. 7.8a) kam eine Variante der in Kap. 4.3.3 vorgestellten Hybridtechnologie zum Einsatz: Die Kanalstruktur wurde in Kupfer (Schichtdicke 200 µm, auf FR4) geätzt und die Pumpen- und Ventilkammern mittels eines Radienfräsers gefräst. Der Verzicht auf Lötstopplaminat ermöglichte auch das Umgehen der Probleme mit diesem, insbesondere die durch Abreißen des Laminats bedingten Defekte und geringen Standzeiten. Die Matrizen der Aktorebene wurden von in Aluminium gefrästen Urformen (Abb. 7.8b und Kap. 4.3.1) jeweils in PDMS abgeformt, womit ein einfaches Entformen der Polyurethan-Formlinge ermöglicht wird.

Für die Herstellung der gezeigten Ventilvariante mit Hydrogelaktoren im Prozessmedium war es nötig, die Membran der Aktorebene an den Ventilkammern auszustanzen

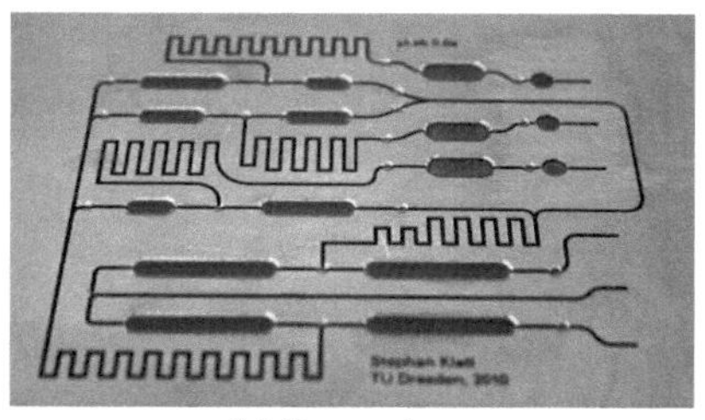

(a) Prozessebene

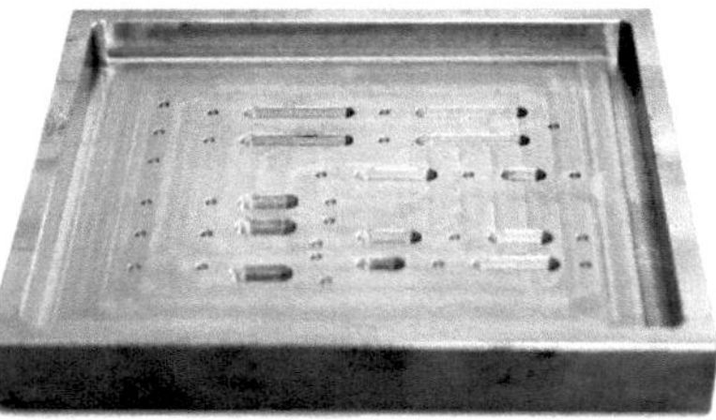

(b) Aktorebene

**Abbildung 7.8:** Fotografien der Urformen des Prozessors. (a) Prozessebene: Die Kanäle wurden in Kupfer geätzt, die Ventile sowie die Pumpen- und Beobachtungskammern gefräst. (b) Aktorebene: Die Aktorkammern wurden in Aluminium gefräst.

und die Kammern auf der QMV-Seite zu verschließen, da die vorhandene Urform für Ventilaktoren in der Aktorebene ausgelegt war. Das Verschließen erfolgte mittels Klebeband oder Gießharz.

Abb. 7.9a zeigt die bereits miteinander verschweißten Prozess- und Aktorebenen. Die Prozessebene ist durch die in die Aktorebene integrierte Membran verschlossen, die Aktorkammern sind dagegen befüllbar. Sollen die Ventilaktoren in die Prozessebene integriert werden, sind die entsprechenden Hydrogelaktoren vor dem Verschweißen einzubringen. Das Befüllen der Aktorkammern der Pumpen erfolgte in jedem Fall nach dem Verschweißen. Dazu wurde in jede Kammer eine definierte Menge Hydrogelpartikel in leicht gequollenem Zustand gefüllt und nachfolgend im Trockenschrank getrocknet, um die weitere Verarbeitung des Prozessors zu vereinfachen. Ein Prozessor mit befüllten Aktorkammern ist in Abb. 7.9b dargestellt.

Nach dem Einbringen und Trocknen des Hydrogels in die Aktorkammern erfolgte das Aufbringen der Quellmittelversorgungsebene. Dazu wurde die Gaze mithilfe von Polyurethan-Gießharz derart zwischen Aktorebene und PET-Stabilisierung eingeklebt, dass am Rand des Prozessors eine dichte Verbindung entstand. Zusätzlich wurden Stabilisierung, Gaze und Aktorebene punktuell mit dem Gießharz verklebt. Dabei war zu gewährleisten, dass – neben der Dichtheit der QMV-Ebene nach außen – die fluidischen Anschlüsse der QMV nicht verschlossen werden und jede Aktorkammer mit Quellmittel versorgt werden kann.

Eine übliche FR4-Leiterplatte mit SMD-Widerständen (jeweils 100 Ω) stellt die Elektrothermische Schnittstelle (ETS) dar (Abb. 7.10a). Abb. 7.10b zeigt eine thermografische

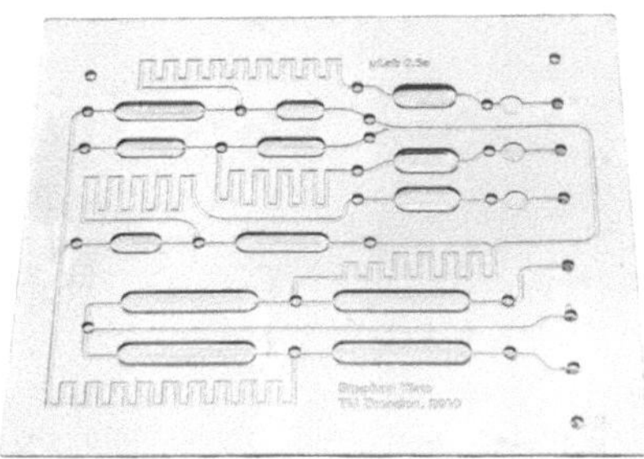

(a) mit der Prozessebene verbundene Aktorebene

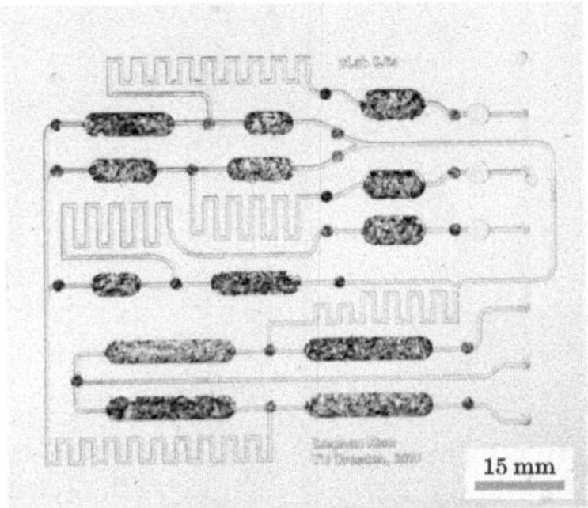

(b) befüllte Aktorkammern

**Abbildung 7.9:** Fotografien des mikrofluidischen Prozessors (aus Polyurethan).

Aufnahme, bei der einige Elemente angesteuert sind. Hierbei erscheinen die metalli-schen Flächen der SMD-Widerstände trotz hoher Temperaturen schwarz, was durch die Aufnahmetechnik bedingt ist.

Der gesamte aufgebaute mikrofluidische Prozessor wurde für die Messungen zwischen zwei Glasplatten geklemmt, um einerseits die Wärmeübertragung sicherzustellen und andererseits eine Delamination beispielsweise durch zu hohe Quellkräfte zu verhindern. Zur Erhöhung der Wärmeabfuhr wurde ein Ventilator eingesetzt, dessen Luftstrom auf die Glasplatte gerichtet war. Die fluidische Kontaktierung erfolgte durch die in Abb. 6.1 gezeigte Klemmvorrichtung.

# 7.4 Funktionsuntersuchungen

## 7.4.1 Funktionsgruppen

Die Untersuchungen an den integrierten Komponenten wurden im vollständig aufgebau-ten System vorgenommen, so dass dabei auch die Funktionstüchtigkeit der beteiligten Funktionsgruppen geprüft werden konnte.

Aktor- und Prozessebene lassen sich zuverlässig fertigen und dauerhaft verkleben, ohne die Kanäle zu verschließen, wobei die in die Aktorebene integrierte Membran eine

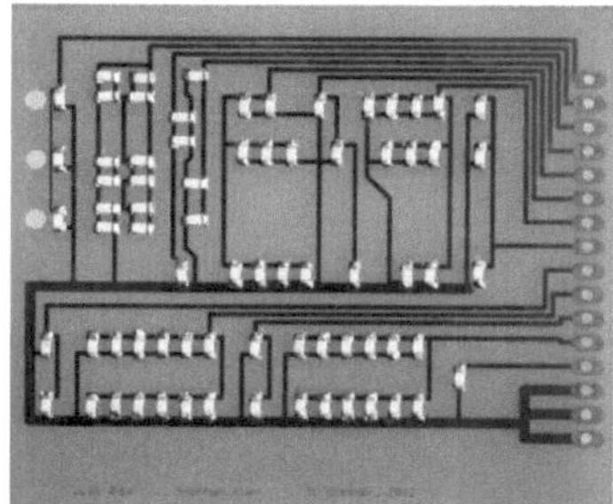

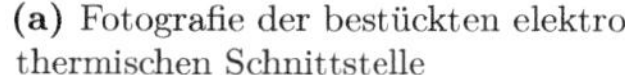

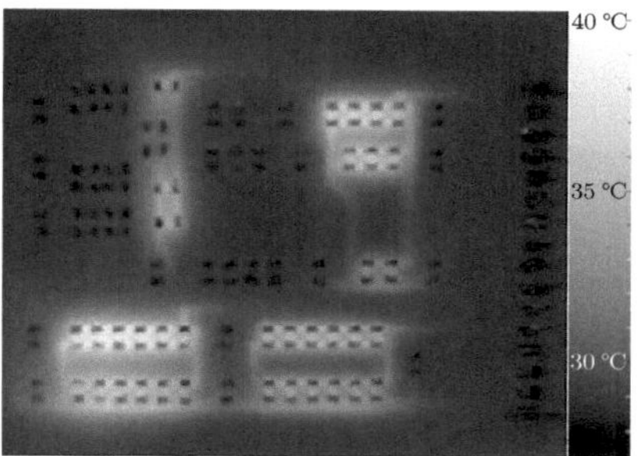

(a) Fotografie der bestückten elektrothermischen Schnittstelle

(b) Thermografische Aufnahme

**Abbildung 7.10:** Elektrothermische Schnittstelle. Für die Beobachtungskammern wurden Bohrungen eingebracht.

sichere Trennung von Prozess- und Quellmedium gewährleistet. Somit ist die „passive
mikrofluidische Funktionalität" des Prozessors gegeben.

Die Quellmittelversorgung funktioniert ebenfalls, die Gelaktoren könnten andernfalls
nicht quellen. Auch Steuereinheit und elektrothermische Schnittstelle arbeiten erwar-
tungsgemäß, wie Abb. 7.10b und die folgenden exemplarischen Diagramme zeigen.

## 7.4.2 Pumpen

Abb. 7.11 zeigt den Volumenstrom bei wiederholt ausgeführten Pumpvorgängen zwischen zwei verschiedenen Pumpen. Die Absolutwerte des gezeigten Volumens wurden
durch Integration des Volumenstroms berechnet, sie sind daher nur bedingt aussagekräf-
tig und dienen der Veranschaulichung. Das Prozessmedium wurde dazu automatisch
mehrmals von einer Pumpe durch die fluidischen Anschlüsse und den Flusssensor
in eine andere Pumpe auf dem gleichen Prozessor und im Anschluss wieder zurück
gepumpt. Die Fläche der abgerundeten Pumpenkammer der ersten Pumpe beträgt
50 mm², wobei die Kammer 11 mm lang und 5 mm breit ist. Daraus ergibt sich für die
Prozessebene bei dem für die Herstellung der Urform verwendeten Radienfräser mit
einem Durchmesser von 10 mm eine Tiefe von ungefähr 670 µm und ein Volumen von
ca. 20 µl. Das Volumen der 1 mm tiefen Aktorkammer beträgt 50 µl. Die zweite, 22 mm
lange und 4 mm breite, ebenfalls abgerundete Pumpenkammer hat eine Fläche von

123

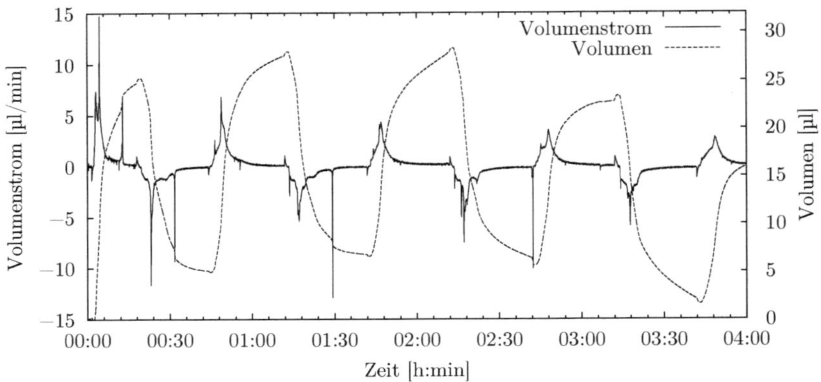

**Abbildung 7.11:** Zeitverhalten in den Prozessor integrierter Pumpen. Dabei wurde das Prozessmedium zwischen zwei Pumpen hin- und hergepumpt. Die beiden Pumpenkammern wurden abwechselnd je 30 min mit 540 mW bzw. 360 mW ohne Boost beheizt.

$85\,mm^2$, in der Prozessebene eine Tiefe von ca. $420\,\mu m$ und ein Volumen von etwa $22\,\mu l$. Das Volumen ihrer Aktorkammer beträgt 85 µl. Als Aktormaterial wurden gemahlene PNIPAAm-Partikel (Synthese siehe Tab. 3.1 auf Seite 29) der Fraktion $(0,5\ldots 1)$ mm eingesetzt. Die Füllrate des Gels in den Aktorkammern beträgt $0,2\,mg/\mu l$.

### 7.4.3 Ventile

Abb. 7.12 und Abb. 7.14a zeigen das Schaltverhalten zweier in Reihe geschalteter Ventile. Als Aktoren wurden jeweils zwei gemahlene Hydrogelpartikel der Fraktion $(0,5\ldots 1)$ mm verwendet. Sie befinden sich wie in Abb. 7.7 dargestellt zwar prinzipiell in der Aktorebene, sind allerdings von der separaten Quellmittelversorgung getrennt und quellen im Prozessmedium. Die Ventile schlossen gut, allerdings öffneten sie nicht zuverlässig.

Im Ventil, dessen Verhalten in Abb. 7.13 und Abb. 7.14b dargestellt ist, wurde ein sphärischer Hydrogelpartikel verwendet, der ebenfalls das Prozessmedium als Quellmedium nutzt. Die Ventilkammern in der Prozessebene wurden halbkugelförmig gefräst. Die kugelförmigen Hydrogelaktoren wurden mittels der Alginattechnologie (siehe Kap. 3.6.2) und dem in Tab. 7.2 aufgeführten Ansatz hergestellt.

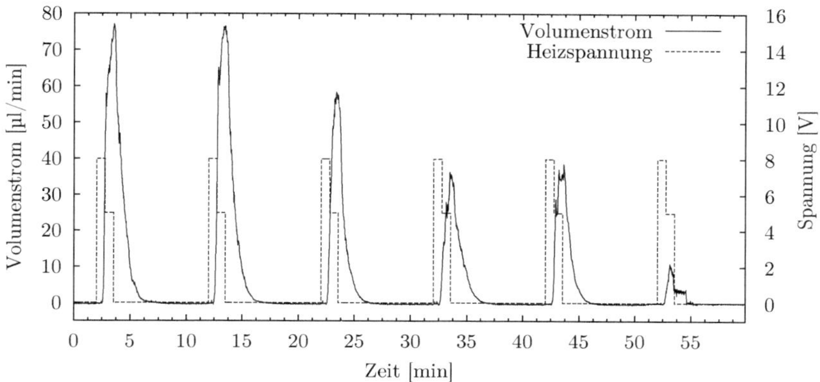

**Abbildung 7.12:** Zeitverhalten in den Prozessor integrierter Ventile mit Aktoren aus mehreren gemahlenen Hydrogelpartikeln. Hierbei wurden die zwei in Reihe zwischen Ein- und Ausgang befindlichen Ventile gleichzeitig angesteuert. Es wurde ein Druck von 10 mbar angelegt.

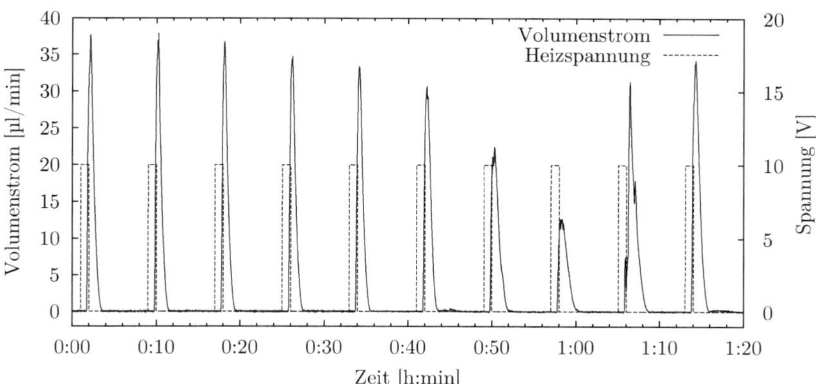

**Abbildung 7.13:** Zeitverhalten eines in den Prozessor integrierten Ventils mit sphärischem Hydrogelaktor. Es wurde ein Druck von 30 mbar angelegt.

| $m$(NIPAAm) | $m$(BIS) | $V$(TEMED) | $V$($H_2O$) | $m$(Alginat) |
|---|---|---|---|---|
| 2 g | 40 mg | 50 µl | 10 ml | 150 mg |

**Tabelle 7.2:** Synthese-Edukte der verwendeten sphärischen Ventilaktoren.

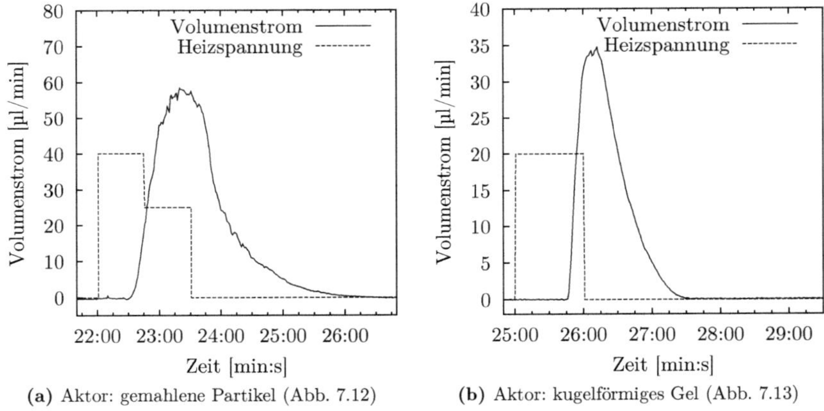



**(a)** Aktor: gemahlene Partikel (Abb. 7.12)     **(b)** Aktor: kugelförmiges Gel (Abb. 7.13)

**Abbildung 7.14:** Details aus den Diagrammen in Abb. 7.12 und Abb. 7.13.

# 8 Zusammenfassung

Das Ziel der vorliegenden Arbeit war der Nachweis, dass mit Hydrogelaktoren mikrofluidische Systeme realisierbar sind, die komplexe, mehrstufige Prozesse durchführen können. Dazu wurde ein solcher Prozessor entworfen, seine Komponenten und für deren Herstellung geeignete Technologien entwickelt und Messungen an aufgebauten Prototypen durchgeführt. Die Technologien betreffen die Substrate, die Aufbau- und Verbindungstechnologie, die Hydrogelaktoren, die elektronische Steuerung sowie den Prozessor und seine Bauelemente.

Der Prozessor besteht aus verschiedenen strukturierten Ebenen aus Polymer. Eine als Hybridtechnologie bezeichnete Methode gestattet die schnelle und kostengünstige Fertigung geeigneter, komplexer Urformen für die Abformung dieser Ebenen durch Kombination fotochemischer und mechanischer Verfahren. Die Verwendung von Polyurethan anstelle des in der Mikrofluidik oft eingesetzten Polydimethylsiloxans (PDMS) für die mikrofluidischen Strukturen ermöglicht ein Verkleben ohne Sauerstoffplasma auch mit anderen Materialien und dadurch den Aufbau stabiler, dünner Prozessoren.

Für das Herstellen und Integrieren der Hydrogelaktoren wurden verschiedene Verfahren erarbeitet und angewandt, darunter strukturierende Fotopolymerisation *in situ* und das Einbringen von Partikeln. Eine eigens entwickelte Methode erlaubte erstmals die Synthetisierung sphärischer PNIPAAm-Hydrogele mit engen Größenverteilungen in der für die Anwendung im Prozessor geeigneten Größenordnung von 1 mm.

Die elektrothermische Ansteuerung der Hydrogelaktoren erfolgte über eine mikrocontrollerbasierte Steuereinheit und eine Leiterplatte mit Widerstandselementen. Die über eine berührungsempfindliche Anzeige bedienbare Steuereinheit ermöglicht neben der Ausführung spezieller Steuerprogramme das direkte Schalten der einzelnen Prozessorelemente sowie gleichzeitig das Aufzeichnen verschiedener analoger Eingangsgrößen. Mithilfe der erstellten Software lassen sich die genannten Steuerprogramme aus einfachen Anweisungen erzeugen, die die Elemente des Prozessors und die gewünschte Prozessabfolge beschreiben.

Die entwickelten Technologien ermöglichten den Aufbau sowohl einzelner, schaltbarer Ventile und Pumpen als auch ganzer Prozessoren. Realisierte Mikroventile erreichten Zykluszeiten zwischen vollständig geöffnet und vollständig geschlossen bis hinunter zu 20 s. Die von den Mikropumpen benötigte Zeit für einen Pumpvorgang liegt im unteren Minutenbereich. Die Funktionsfähigkeit der Ventile und Pumpen im Prozessor belegt deren Integrierbarkeit und damit das Potenzial, komplexe und aufwändige Prozesse in einem solchen System zu realisieren. Die geschaffene einfache Steuerschnittstelle erhöht die Flexibilität beim künftigen Design derartiger Schaltungen erheblich. Damit stellt diese Arbeit einen wichtigen Schritt für die Realisierung praktisch einsetzbarer mikrofluidischer Prozessoren dar.

# 9 Ausblick

Die hier dargestellten Technologien und Ergebnisse stellen einen Machbarkeitsnachweis und die Grundlage für die Entwicklung einer Vielzahl automatisierter mikrofluidischer Anwendungen dar. Weiterentwicklungen und Optimierungen sind in vielerlei Hinsicht möglich und nötig.

An erster Stelle ist das Verhalten der Ventile und Pumpen und damit des Prozessors insgesamt deutlich zu verbessern, sowohl hinsichtlich der Zuverlässigkeit als auch des Zeitverhaltens. Sehr vielversprechend ist beispielsweise die Verwendung von NIPAAm-Natriumacrylat-Copolymeren als Aktormaterial.

Wenn die Herstellung sicher funktionierender Prozessoren möglich ist, können solche für biochemische und medizinische Anwendungen entwickelt und somit Funktionsuntersuchungen an realen Aufgabenstellungen durchgeführt werden.

Spezielle rechnergestützte Entwurfswerkzeuge, wie sie für das Design elektronischer Systeme zur Verfügung stehen, könnten die Entwicklung neuer, komplexer Prozessoren einfacher, schneller und zuverlässiger gestalten.

Die Herstellungstechnologie ist mit Hinblick auf eine Massenfertigung weiterzuentwickeln. Dafür erscheint insbesondere eine an die klassische Mikrotechnologie angelehnte Schicht-für-Schicht-Fertigung geeignet.

# Anhang

# A Dimensionierung des Laminationsmischers

Bei der Abschätzung der nötigen Länge der Mischstrecke eines Laminationsmischers $s_\mathrm{M}$ wird davon ausgegangen, dass das Mischen lediglich durch die Diffusion der zu mischenden Flüssigkeiten quer zur Fließrichtung geschieht. Des Weiteren wird die lineare Definition des Diffusionskoeffizienten $D$ zu Grunde gelegt, so dass gilt [34]:

$$v_\mathrm{D} = \frac{D}{b_\mathrm{K}}.$$
(A.1)

Der Diffusionskoeffizient $D$ liegt für wässrige Lösungen bei etwa $10^{-9}\,\mathrm{m^2/s}$ [34].

Erfolgt das Mischen zu gleichen Anteilen, ist der Diffusionsweg $s_\mathrm{D}$ die halbe Kanalbreite $b_\mathrm{K}$: $s_\mathrm{D} = b_\mathrm{K}/2$. Damit ist die nötige Diffusionszeit $t_\mathrm{D}$:

$$t_\mathrm{D} = \frac{s_\mathrm{D}}{v_\mathrm{D}} = \frac{{b_\mathrm{K}}^2}{2 \cdot D}.$$
(A.2)

Aus der Zeit $t_\mathrm{D}$ lässt sich nun unter Einbeziehung der Fließgeschwindigkeit die nötige Länge der Mischstrecke $s_\mathrm{M}$ berechnen. Die mittlere Fließgeschwindigkeit im Kanal $v_\mathrm{F}$ ist der Quotient aus Volumenstrom $\dot{V}$ und dem Kanalquerschnitt $A_\mathrm{K}$, bei rechteckigem Kanalquerschnitt ist $A_\mathrm{K}$ das Produkt aus Kanalhöhe $h_\mathrm{K}$ und Kanalbreite $b_\mathrm{K}$: $A_\mathrm{K} = b_\mathrm{K} \cdot h_\mathrm{K}$. Damit ergibt sich für die Fließgeschwindigkeit:

$$v_\mathrm{F} = \frac{\dot{V}}{b_\mathrm{K} \cdot h_\mathrm{K}} = \frac{s_\mathrm{M}}{t_\mathrm{D}}.$$
(A.3)

Fasst man Gl. A.2 und Gl. A.3 zusammen, lässt sich $s_\mathrm{M}$ berechnen:

$$s_\mathrm{M} = \frac{\dot{V} \cdot b_\mathrm{K}}{2 \cdot D \cdot h_\mathrm{K}} \, . \tag{A.4}$$

Bei $\dot{V} = 6\,\mu\mathrm{l/min}$, $b_\mathrm{K} = 500\,\mu\mathrm{m}$, $h_\mathrm{K} = 200\,\mu\mathrm{m}$ und $D = 10^{-9}\,\mathrm{m^2/s}$, typischen Werten des realisierten mikrofluidischen Prozessors, beträgt die Länge der Mischstrecke für einen lediglich auf Diffusion basierenden Mischer also $s_\mathrm{M} = 125\,\mathrm{mm}$.

# B Steuerprogramm

## B.1 Kommentiertes Beispiel

### Eingabe

```
 1  # Laden der Klassendefinitionen
 2  require('loc_control')
 3
 4  # Definition der drei aktiven Grundelemente
 5  # Parameter: boost_time, shrink_time, swell_time, port
 6  input_valve = Valve.new(5, 20, 60, 1, "Einlassventil")
 7  output_valve = Valve.new(10, 30, 90, 3, "Auslassventil")
 8  pump_chamber = PumpChamber.new(10, 60, 90, 2, "Pumpenkammer")
 9
10  # Definition der Pumpe, die definierten Grundelemente werden als
11  # Parameter uebergeben
12  pump = Pump.new(input_valve, output_valve, pump_chamber, "Pumpe")
13
14  # Erzeugen eines Steuerungsablaufs
15  control = Control.new("Einzelner Pumpvorgang", 10)
16  # Ein Pumpvorgang der definierten Pumpe
17  control.pump!(pump, "Ein Pumpvorgang")
18
19  # Berechnen des Zeitablaufs
20  timeline = Timeline.new(control.operation)
21
22  # Generierung von kommentiertem C-Code fuer einen Mikrocontroller
23  output = Output.new(timeline)
24  puts output.c_code()
25
26  # Generierung des Programms fuer die Steuereinheit
27  puts output.loc_program("testprog", "Programmbeschreibung")
```

## Beispiel: Ausgabe des Programms für die Steuereinheit

```
 1  FILE␣PROG0000
 2  BEGIN
 3  #0:00:00.0:␣Start␣of␣Control,␣wait␣10␣seconds
 4  ##0:00:10.0:␣boost␣Valve␣Einlassventil
 5  00010.0:␣01␣3
 6  ##0:00:15.0:␣heat␣Valve␣Einlassventil
 7  00015.0:␣01␣1
 8  ##0:00:30.0:␣boost␣PumpChamber␣Pumpenkammer
 9  00030.0:␣02␣3
10  ##0:00:40.0:␣heat␣PumpChamber␣Pumpenkammer
11  00040.0:␣02␣1
12  ##0:01:30.0:␣off␣Valve␣Einlassventil
13  00090.0:␣01␣0
14  ##0:02:30.0:␣boost␣Valve␣Auslassventil
15  00150.0:␣03␣3
16  ##0:02:40.0:␣heat␣Valve␣Auslassventil
17  00160.0:␣03␣1
18  ##0:03:00.0:␣off␣PumpChamber␣Pumpenkammer
19  00180.0:␣02␣0
20  ##0:04:30.0:␣off␣Valve␣Auslassventil
21  00270.0:␣03␣0
22  #0:06:00.0:␣Operation␣'SerialOperation␣Einzelner␣Pumpvorgang'␣finished.
23  00360.0
24  #PROGRAM␣FINISHED
25  END
```

# B.2 Steuerprogramm für den Prozessor

## B.2.1 Eingabe

Nachfolgend ist die Eingabe für das Steuerprogramm des mikrofluidischen Prozessors aufgelistet. Im ersten Teil werden die aktiven Grundelemente definiert, deren Namen aus Platzgründen abgekürzt wurden. Es werden jeweils mehrere Pumpen zu einer Gruppe zusammengefasst, die parallel angesteuert werden. In der Stufe 1 (`stufe1`) sind das zum einen die beiden Pumpen für den Puffer (1b) und zum anderen die Pumpe für das Substrat und die für die Enzymprobe (zusammengefasst zu 1s). In Stufe 2 (`stufe2`) sind es jeweils die drei Pumpen, die zum einen die gepufferte Enzymprobe (2e) und zum anderen das gepufferte Substrat (2s) aufnehmen. Pumpen der Stufen 1 und 2 teilen sich ein Ausgangsventil (ov1 bzw. ov3). Stufe 3 (`stufe3`) besteht aus drei Pumpen, die als Reaktorkammern dienen (3).

Abb. 7.5 auf Seite 117 zeigt das Layout des Prozessors mit den Bezeichnungen. Die verwendeten Abkürzungen sind in Tab. 7.1 auf Seite 118 aufgeführt.

```
 1 # Definition der Grundelemente
 2 # Stufe 1, Substrat & Enzym
 3 iv1s = Valve.new(5,20,60,4, "iv1s")
 4 ov1 = Valve.new(5,20,60,2, "ov1")
 5 pc1s = PumpChamber.new(10,30,180,3,
       "pc1s")
 6
 7 # Stufe 1, Puffer
 8 iv1b = Valve.new(5,20,60,0, "iv1b")
 9 pc1b = PumpChamber.new(10,30,180,1,
       "pc1b")
10
11 # Stufe 2, Substrat
12 iv2s = Valve.new(5,20,60,10, "iv2s")
13 ov2 = Valve.new(5,20,60,7, "ov2")
14 pc2s = PumpChamber.new(10,30,180,8,
       "pc2s")
15
16 # Stufe 2, Enzym
17 iv2e = Valve.new(5,20,60,5, "iv2e")
18 pc2e = PumpChamber.new(10,25,120,6,
       "pc2e")
19
20 # Stufe 3
21 iv3 = Valve.new(5,20,60,9, "iv3")
22 ov3 = Valve.new(5,20,60,12, "ov3")
23 pc3 = PumpChamber.new(10,30,180,11,
       "pc3")
24
25 # Definition der Pumpen(gruppen)
26 stufe1s = Pump.new(iv1s,ov1,pc1s,
       "stufe1s")
27 stufe1b = Pump.new(iv1b,ov1,pc1b,
       "stufe1b")
28 stufe1 = [stufe1s,stufe1b]
29
30 stufe2s = Pump.new(iv2s,ov2,pc2s,
       "stufe2s")
31 stufe2e = Pump.new(iv2e,ov2,pc2e,
       "stufe2e")
32 stufe2 = [stufe2s,stufe2e]
33
34 stufe3 = Pump.new(iv3,ov3,pc3, "stufe3")
35
36 # Festlegen der Aktionen
37 # 1. Stufe: Fuellen
38 control.comment!("Fill stage 1")
39 control.fill!(stufe1)
40 # Pumpen von 1. zu 2. Stufe
41 control.comment!("Pump from 1 to 2")
```

```
42 control.empty_and_fill!(stufe1,stufe2)
43 # Pumpen von 2. zu 3. Stufe
44 control.comment!("Pump from 2 to 3")
45 control.empty_and_fill!(stufe2,stufe3)
46 # 3. Stufe: Leeren nach Wartezeit
47 control.comment!("Empty stage 3 in 5
      min")
48 control.wait!(300)
49 control.empty!(stufe3)
50
51 #Spuelen mit Puffer
52 control.comment!("Rinse with buffer")
53 control.fill!(stufe1b)
54 control.empty_and_fill!(stufe1b,stufe2s)
55 control.fill!(stufe1b)
56 control.empty_and_fill!(stufe1b,stufe2e)
57 control.empty_and_fill!(stufe2,stufe3)
58 control.empty!(stufe3)
59 control.comment!("Rinsing finished")
```

## B.2.2 Ausgabe

```
 1 #0:00:00.0:␣Start␣of␣Control,␣wait␣0␣
      seconds
 2 #0:00:00.0:␣Fill␣stage␣1
 3 ##0:00:00.0:␣boost␣Valve␣iv1s
 4 ##0:00:00.0:␣boost␣Valve␣iv1b
 5 00000.0:␣04␣3,␣00␣3
 6 ##0:00:05.0:␣heat␣Valve␣iv1s
 7 ##0:00:05.0:␣heat␣Valve␣iv1b
 8 00005.0:␣04␣1,␣00␣1
 9 ##0:00:20.0:␣boost␣PumpChamber␣pc1s
10 ##0:00:20.0:␣boost␣PumpChamber␣pc1b
11 00020.0:␣03␣3,␣01␣3
12 ##0:00:30.0:␣heat␣PumpChamber␣pc1s
13 ##0:00:30.0:␣heat␣PumpChamber␣pc1b
14 00030.0:␣03␣1,␣01␣1
15 ##0:00:50.0:␣off␣Valve␣iv1s
16 ##0:00:50.0:␣off␣Valve␣iv1b
17 00050.0:␣04␣0,␣00␣0
18 #0:01:50.0:␣Pump␣from␣1␣to␣2
19 ##0:01:50.0:␣boost␣Valve␣ov1
20 ##0:01:50.0:␣boost␣Valve␣iv2s
21 ##0:01:50.0:␣boost␣Valve␣iv2e
22 00110.0:␣02␣3,␣10␣3,␣05␣3
23 ##0:01:55.0:␣heat␣Valve␣ov1
24 ##0:01:55.0:␣heat␣Valve␣iv2s
25 ##0:01:55.0:␣heat␣Valve␣iv2e
26 00115.0:␣02␣1,␣10␣1,␣05␣1
27 ##0:02:10.0:␣off␣PumpChamber␣pc1s
28 ##0:02:10.0:␣off␣PumpChamber␣pc1b
29 ##0:02:10.0:␣boost␣PumpChamber␣pc2s
30 ##0:02:10.0:␣boost␣PumpChamber␣pc2e
31 00130.0:␣03␣0,␣01␣0,␣08␣3,␣06␣3
32 ##0:02:20.0:␣heat␣PumpChamber␣pc2s
33 ##0:02:20.0:␣heat␣PumpChamber␣pc2e
34 00140.0:␣08␣1,␣06␣1
35 ##0:05:10.0:␣off␣Valve␣ov1
36 ##0:05:10.0:␣off␣Valve␣iv2s
37 ##0:05:10.0:␣off␣Valve␣iv2e
38 00310.0:␣02␣0,␣10␣0,␣05␣0
39 #0:06:10.0:␣Pump␣from␣2␣to␣3
40 ##0:06:10.0:␣boost␣Valve␣ov2
41 ##0:06:10.0:␣boost␣Valve␣iv3
42 00370.0:␣07␣3,␣09␣3
43 ##0:06:15.0:␣heat␣Valve␣ov2
44 ##0:06:15.0:␣heat␣Valve␣iv3
45 00375.0:␣07␣1,␣09␣1
46 ##0:06:30.0:␣off␣PumpChamber␣pc2s
47 ##0:06:30.0:␣off␣PumpChamber␣pc2e
48 ##0:06:30.0:␣boost␣PumpChamber␣pc3
49 00390.0:␣08␣0,␣06␣0,␣11␣3
50 ##0:06:40.0:␣heat␣PumpChamber␣pc3
51 00400.0:␣11␣1
52 ##0:09:30.0:␣off␣Valve␣ov2
53 ##0:09:30.0:␣off␣Valve␣iv3
54 00570.0:␣07␣0,␣09␣0
55 #0:10:30.0:␣Empty␣stage␣3␣in␣5␣min
56 #0:10:30.0:␣unnamed␣wait
57 ##0:15:30.0:␣boost␣Valve␣ov3
58 00930.0:␣12␣3
59 ##0:15:35.0:␣heat␣Valve␣ov3
60 00935.0:␣12␣1
61 ##0:15:50.0:␣off␣PumpChamber␣pc3
62 00950.0:␣11␣0
63 ##0:18:50.0:␣off␣Valve␣ov3
64 01130.0:␣12␣0
65 #0:19:50.0:␣Rinse␣with␣buffer
66 ##0:19:50.0:␣boost␣Valve␣iv1b
67 01190.0:␣00␣3
68 ##0:19:55.0:␣heat␣Valve␣iv1b
69 01195.0:␣00␣1
```

```
 70 ##0:20:10.0: boost PumpChamber pc1b
 71 01210.0: 01 3
 72 ##0:20:20.0: heat PumpChamber pc1b
 73 01220.0: 01 1
 74 ##0:20:40.0: off Valve iv1b
 75 01240.0: 00 0
 76 ##0:21:40.0: boost Valve ov1
 77 ##0:21:40.0: boost Valve iv2s
 78 01300.0: 02 3, 10 3
 79 ##0:21:45.0: heat Valve ov1
 80 ##0:21:45.0: heat Valve iv2s
 81 01305.0: 02 1, 10 1
 82 ##0:22:00.0: off PumpChamber pc1b
 83 ##0:22:00.0: boost PumpChamber pc2s
 84 01320.0: 01 0, 08 3
 85 ##0:22:10.0: heat PumpChamber pc2s
 86 01330.0: 08 1
 87 ##0:25:00.0: off Valve ov1
 88 ##0:25:00.0: off Valve iv2s
 89 01500.0: 02 0, 10 0
 90 ##0:26:00.0: boost Valve iv1b
 91 01560.0: 00 3
 92 ##0:26:05.0: heat Valve iv1b
 93 01565.0: 00 1
 94 ##0:26:20.0: boost PumpChamber pc1b
 95 01580.0: 01 3
 96 ##0:26:30.0: heat PumpChamber pc1b
 97 01590.0: 01 1
 98 ##0:26:50.0: off Valve iv1b
 99 01610.0: 00 0
100 ##0:27:50.0: boost Valve ov1
101 ##0:27:50.0: boost Valve iv2e
102 01670.0: 02 3, 05 3
103 ##0:27:55.0: heat Valve ov1
104 ##0:27:55.0: heat Valve iv2e
105 01675.0: 02 1, 05 1
106 ##0:28:10.0: off PumpChamber pc1b
107 ##0:28:10.0: boost PumpChamber pc2e
108 01690.0: 01 0, 06 3
109 ##0:28:20.0: heat PumpChamber pc2e
110 01700.0: 06 1
111 ##0:31:10.0: off Valve ov1
112 ##0:31:10.0: off Valve iv2e
113 01870.0: 02 0, 05 0
114 ##0:32:10.0: boost Valve ov2
115 ##0:32:10.0: boost Valve iv3
116 01930.0: 07 3, 09 3
117 ##0:32:15.0: heat Valve ov2
118 ##0:32:15.0: heat Valve iv3
119 01935.0: 07 1, 09 1
120 ##0:32:30.0: off PumpChamber pc2s
121 ##0:32:30.0: off PumpChamber pc2e
122 ##0:32:30.0: boost PumpChamber pc3
123 01950.0: 08 0, 06 0, 11 3
124 ##0:32:40.0: heat PumpChamber pc3
125 01960.0: 11 1
126 ##0:35:30.0: off Valve ov2
127 ##0:35:30.0: off Valve iv3
128 02130.0: 07 0, 09 0
129 ##0:36:30.0: boost Valve ov3
130 02190.0: 12 3
131 ##0:36:35.0: heat Valve ov3
132 02195.0: 12 1
133 ##0:36:50.0: off PumpChamber pc3
134 02210.0: 11 0
135 ##0:39:50.0: off Valve ov3
136 02390.0: 12 0          .
137 #0:40:50.0: Rinsing finished
138 #0:40:50.0: Operation 'SerialOperation
        uLab06a' finished.
139 02450.0
140 #PROGRAM FINISHED
```

# Literaturverzeichnis


[1] WATERS, H.: New \$10 million X Prize launched for tricorder-style medical device. In: *Nature Medicine* 17 (2011), Nr. 7, S. 754–754. – DOI 10.1038/nm0711-754a

[2] *X PRIZE Foundation and Qualcomm Foundation Set to Revolutionize Healthcare with Launch of \$10 Million Qualcomm Tricorder X PRIZE.* http://tricorder.xprize.org/press-release/xprize-foundation-and-qualcomm-foundation-set-revolutionize-healthcare. Abgerufen: 22.03.2016. – X PRIZE Foundation Pressemitteilung vom 10.01.2012

[3] BYKO, M.: SpaceShipOne, the ansari X prize, and the materials of the civilian space race. In: *Journal of the Minerals, Metals and Materials Society* 56 (2004), S. 24–28. – DOI 10.1007/s11837-004-0247-7

[4] *Life Technologies to Compete in \$10 Million Archon Genomics X PRIZE.* http://www.xprize.org/press-release/life-technologies-to-compete-in-10-million-archon-genomics-x-prize. Abgerufen: 27.08.2012. – X PRIZE Foundation Pressemitteilung vom 23.07.2012

[5] MANZ, A.; HARRISON, D. J.; VERPOORTE, E.; WIDMER, H. M.: Planar Chips Technology For Miniaturization of Separation Systems - A Developing Perspective In Chemical Monitoring. In: *Advances in Chromatography* 33 (1993), S. 1–66. ISBN 978–0824790646

[6] LUPPA, P. B.; SCHLEBUSCH, H.: *POCT – Patientennahe Labordiagnostik.* Springer, 2008. – ISBN 978-3-540-79152-2

[7] *NIH funds development of tissue chips to help predict drug safety.* http://www.nih.gov/news/health/jul2012/ncats-24.htm. Abgerufen: 26.07.2012. – NIH Pressemitteilung vom 24.07.2012

[8] DITTRICH, P. S.; MANZ, A.: Lab-on-a-chip: microfluidics in drug discovery. In: *Nature Reviews Drug Discovery* 5 (2006), Nr. 3, S. 210–218. – DOI 10.1038/nrd1985

[9] JANASEK, D.; FRANZKE, J.; MANZ, A.: Scaling and the design of miniaturized chemical-analysis systems. In: *Nature* 442 (2006), Nr. 7101, S. 374–380. – DOI 10.1038/nature05059

[10] WHITESIDES, G. M.: The origins and the future of microfluidics. In: *Nature* 442 (2006), Nr. 7101, S. 368–373. – DOI 10.1038/nature05058

[11] MARK, D.; HAEBERLE, S.; ROTH, G.; STETTEN, F. von; ZENGERLE, R.: Microfluidic lab-on-a-chip platforms: requirements, characteristics and applications. In: *Chemical Society Reviews* 39 (2010), Nr. 3, S. 1153–1182. – DOI 10.1039/b820557b

[12] SQUIRES, T. M.; QUAKE, S. R.: Microfluidics: Fluid physics at the nanoliter scale. In: *Reviews of Modern Physics* 77 (2005), Nr. 3, S. 977–1026. – DOI 10.1103/RevModPhys.77.977

[13] GERLACH, G.; DÖTZEL, W.: *Einführung in die Mikrosystemtechnik.* Fachbuchverlag Leipzig, 2006. – ISBN 978–3–446–22558–9

[14] GERLACH, G.; ARNDT, K.-F.: *Hydrogel Sensors and Actuators: Engineering and Technology.* Springer, 2009. – ISBN 978–3–540–75644–6

[15] LITMAN, D. J.; LEE, R. H.; JEONG, H. J.; TOM, H. K.; STISO, S. N.; SIZTO, N. C.; ULLMAN, E. F.: An internally referenced test strip immunoassay for morphine. In: *Clinical Chemistry* 29 (1983), Nr. 9, S. 1598–1603

[16] KLEWITZ, T. M.: *Entwicklung eines quantitativen Lateral-Flow-Immunoassays zum Nachweis von Analyten in geringsten Konzentrationen,* Universität Hannover, Diss., 2005. http://nbn-resolving.de/urn:nbn:de:gbv:089-47972993X2

[17] POSTHUMA-TRUMPIE, G.; KORF, J.; AMERONGEN, A. van: Lateral flow (immuno)assay: its strengths, weaknesses, opportunities and threats. A literature survey. In: *Analytical and Bioanalytical Chemistry* 393 (2009), Nr. 2, S. 569–582. – DOI 10.1007/s00216–008–2287–2

[18] ERICKSON, K. A.; WILDING, P.: Evaluation of a novel point-of-care system, the i-STAT portable clinical analyzer. In: *Clinical Chemistry* 39 (1993), Nr. 2, S. 283–287

[19] OH, K. W.; AHN, C. H.: A review of microvalves. In: *Journal of Micromechanics and Microengineering* 16 (2006), Nr. 5, S. R13–R39. – DOI 10.1088/0960–1317/16/5/R01

[20] NEAGU, C.; GARDENIERS, J.; ELWENSPOEK, M.; KELLY, J.: An electrochemical microactuator: principle and first results. In: *Journal of Microelectromechanical Systems* 5 (1996), Nr. 1, S. 2–9. – DOI 10.1109/84.485209

[21] SELVAGANAPATHY, P.; CARLEN, E.; MASTRANGELO, C.: Electrothermally actuated inline microfluidic valve. In: *Sensors and Actuators A: Physical* 104 (2003), Nr. 3, S. 275–282. – DOI 10.1016/S0924–4247(03)00030–X

[22] LIU, Y.; RAUCH, C. B.; STEVENS, R. L.; LENIGK, R.; YANG, J.; RHINE, D. B.; GRODZINSKI, P.: DNA Amplification and Hybridization Assays in Integrated Plastic Monolithic Devices. In: *Analytical Chemistry* 74 (2002), Nr. 13, S. 3063–3070. – DOI 10.1021/ac020094q

[23] HARTSHORNE, H.; BACKHOUSE, C. J.; LEE, W. E.: Ferrofluid-based microchip pump and valve. In: *Sensors and Actuators B: Chemical* 99 (2004), Nr. 2–3, S. 592–600. – DOI 10.1016/j.snb.2004.01.016

[24] UNGER, M. A.; CHOU, H.-P.; THORSEN, T.; SCHERER, A.; QUAKE, S. R.: Monolithic Microfabricated Valves and Pumps by Multilayer Soft Lithography. In: *Science* 288 (2000), Nr. 5463, S. 113–116. – DOI 10.1126/science.288.5463.113

[25] *Fluidgm IFCs.* https://fluidigm.com/ifcs/. Abgerufen: 26.02.2015. – Online im Internet

[26] THORSEN, T.; MAERKL, S. J.; QUAKE, S. R.: Microfluidic Large-Scale Integration. In: *Science* 298 (2002), Nr. 5593, S. 580–584. – DOI 10.1126/science.1076996

[27] NISISAKO, T.; TORII, T.; HIGUCHI, T.: Droplet formation in a microchannel network. In: *Lab on a Chip* 2 (2002), Nr. 1, S. 24–26. – DOI 10.1039/B108740C

[28] ANNA, S. L.; BONTOUX, N.; STONE, H. A.: Formation of dispersions using "flow focusing" in microchannels. In: *Applied Physics Letters* 82 (2003), Nr. 3, S. 364–366. – DOI 10.1063/1.1537519

[29] SONG, H.; BRINGER, M. R.; TICE, J. D.; GERDTS, C. J.; ISMAGILOV, R. F.: Experimental test of scaling of mixing by chaotic advection in droplets moving through microfluidic channels. In: *Applied Physics Letters* 83 (2003), Nr. 22, S. 4664–4666. – DOI 10.1063/1.1630378

[30] DUCRÉE, J.; HAEBERLE, S.; LUTZ, S.; PAUSCH, S.; STETTEN, F. von; ZENGERLE, R.: The centrifugal microfluidic Bio-Disk platform. In: *Journal of Micromechanics and Microengineering* 17 (2007), Nr. 7, S. S103–S115. – DOI 10.1088/0960-1317/17/7/S07

[31] PARK, J.-M.; CHO, Y.-K.; LEE, B.-S.; LEE, J.-G.; KO, C.: Multifunctional microvalves control by optical illumination on nanoheaters and its application in centrifugal microfluidic devices. In: *Lab on a Chip* 7 (2007), Nr. 5, S. 557–564. – DOI 10.1039/b616112j

[32] RAMSEY, J. M.; JACOBSON, S. C.; KNAPP, M. R.: Microfabricated chemical measurement systems. In: *Nature Medicine* 1 (1995), Nr. 10, S. 1093–1095. – DOI 10.1038/nm1095-1093

[33] MUGELE, F.; BARET, J.-C.: Electrowetting: from basics to applications. In: *Journal of Physics: Condensed Matter* 17 (2005), Nr. 28, S. R705–R774. – DOI 10.1088/0953-8984/17/28/R01

[34] NGUYEN, N. T.: *Mikrofluidik: Entwurf, Herstellung und Charakterisierung.* 1. B. G. Teubner, 2004. – ISBN 3-519-00466-6

[35] STROOCK, A. D.; DERTINGER, S. K. W.; AJDARI, A.; MEZIC, I.; STONE, H. A.; WHITESIDES, G. M.: Chaotic Mixer for Microchannels. In: *Science* 295 (2002), Nr. 5555, S. 647–651. – DOI 10.1126/science.1066238

[36] CHA, J.; KIM, J.; RYU, S. K.; PARK, J.; JEONG, Y.; PARK, S.; PARK, S.; KIM, H. C.; CHUN, K.: A highly efficient 3D micromixer using soft PDMS bonding. In: *Journal of Micromechanics and Microengineering* 16 (2006), Nr. 9, S. 1778–1782. – DOI 10.1088/0960–1317/16/9/004

[37] NGUYEN, N.-T.; WU, Z.: Micromixers – a review. In: *Journal of Micromechanics and Microengineering* 15 (2005), Nr. 2, S. R1–R16. – DOI 10.1088/0960–1317/15/2/R01

[38] TANAKA, T.; FILLMORE, D. J.: Kinetics of Swelling of Gels. In: *Journal of Chemical Physics* 70 (1979), Nr. 3, S. 1214–1218. – DOI 10.1063/1.437602

[39] KRAHL, F.: *Netzwerkheterogenität und kooperative Bewegung: Untersuchung von Netzwerken unterschiedlicher Vernetzungsmechanismen mit dynamischer Lichtstreuung.* Südwestdeutscher Verlag für Hochschulschriften, Saarbrücken, 2009. – ISBN 978–3–8381–0480–5. – Zugl.: Eckert, F., Technische Universität Dresden, Diss., 2008

[40] Schutzrecht US 4,982,465 (08.01.1991) *Level-variable supporting apparatus.* NAGATA, N.; HIROKAWA, Y. (Erfinder).

[41] Schutzrecht DE 19820720 (28.10.1999) *Kissen oder Unterlage zur Dekubitusprophylaxe und/oder -therapie.* KRAUSE, W.; ARNDT, K.-F.; RICHTER, A. (Erfinder).

[42] Schutzrecht DE 19900257 (21.08.2003) *System zur Dekubitusprophylaxe und/oder -therapie.* KRAUSE, W.; ARNDT, K.-F.; RICHTER, A. (Erfinder).

[43] RICHTER, A.; KLENKE, C.; ARNDT, K.-F.: Adjustable low dynamic pumps based on hydrogels. In: *Macromolecular Symposia* 210 (2004), Nr. 1, S. 377–384. – DOI 10.1002/masy.200450642

[44] RICHTER, A.; WENZEL, J.; KRETSCHMER, K.: Mechanically adjustable chemostats based on stimuli-responsive polymers. In: *Sensors and Actuators B: Chemical* 125 (2007), Nr. 2, S. 569–573. – DOI 10.1016/j.snb.2007.03.002

[45] ARNDT, K.-F.; KUCKLING, D.; RICHTER, A.: Application of sensitive hydrogels in flow control. In: *Polymers for Advanced Technologies* 11 (2000), Nr. 8-12, S. 496–505. – DOI 10.1002/1099–1581(200008/12)11:8/12<496::AID–PAT996>3.0.CO;2-7

[46] RICHTER, A.; KUCKLING, D.; HOWITZ, S.; GEHRING, T.; ARNDT, K. F.: Electronically controllable microvalves based on smart hydrogels: Magnitudes and potential applications. In: *Journal of Microelectromechanical Systems* 12 (2003), Nr. 5, S. 748–753. – DOI 10.1109/JMEMS.2003.817898

[47] HARMON, M. E.; TANG, M.; FRANK, C. W.: A microfluidic actuator based on thermoresponsive hydrogels. In: *Polymer* 44 (2003), Nr. 16, S. 4547–4556. – DOI 10.1016/S0032–3861(03)00463–4

[48] YU, C.; MUTLU, S.; SELVAGANAPATHY, P.; MASTRANGELO, C. H.; SVEC, F.; FRÉCHET, J. M. J.: Flow Control Valves for Analytical Microfluidic Chips without Mechanical Parts Based on Thermally Responsive Monolithic Polymers. In: *Analytical Chemistry* 75 (2003), Nr. 8, S. 1958–1961. – DOI 10.1021/ac026455j

[49] LUO, Q.; MUTLU, S.; GIANCHANDANI, Y. B.; SVEC, F.; FRÉCHET, J. M. J.: Monolithic valves for microfluidic chips based on thermoresponsive polymer gels. In: *Electrophoresis* 24 (2003), Nr. 21, S. 3694–3702. – DOI 10.1002/elps.200305577

[50] WANG, J.; CHEN, Z.; MAUK, M.; HONG, K.-S.; LI, M.; YANG, S.; BAU, H.: Self-Actuated, Thermo-Responsive Hydrogel Valves for Lab on a Chip. In: *Biomedical Microdevices* 7 (2005), Nr. 4, S. 313–322. – DOI 10.1007/s10544–005–6073–z

[51] CHEN, G.; SVEC, F.; KNAPP, D. R.: Light-actuated high pressure-resisting microvalve for on-chip flow control based on thermo-responsive nanostructured polymer. In: *Lab on a Chip* 8 (2008), Nr. 7, S. 1198–1204. – DOI 10.1039/b803293a

[52] SUGIURA, S.; SUMARU, K.; OHI, K.; HIROKI, K.; TAKAGI, T.; KANAMORI, T.: Photoresponsive polymer gel microvalves controlled by local light irradiation. In: *Sensors and Actuators A: Physical* 140 (2007), Nr. 2, S. 176–184. – DOI 10.1016/j.sna.2007.06.024

[53] BEEBE, D. J.; MOORE, J. S.; BAUER, J. M.; YU, Q.; LIU, R. H.; DEVADOSS, C.; JO, B. H.: Functional hydrogel structures for autonomous flow control inside microfluidic channels. In: *Nature* 404 (2000), Nr. 6778, S. 588–590. – DOI 10.1038/35007047

[54] EDDINGTON, D. T.; BEEBE, D. J.: Flow control with hydrogels. In: *Advanced Drug Delivery Reviews* 56 (2004), Nr. 2, S. 199–210. – DOI 10.1016/j.addr.2003.08.013

[55] BALDI, A.; GU, Y. D.; LOFTNESS, P. E.; SIEGEL, R. A.; ZIAIE, B.: A hydrogel-actuated environmentally sensitive microvalve for active flow control. In: *Journal of Microelectromechanical Systems* 12 (2003), Nr. 5, S. 613–621. – DOI 10.1016/j.snb.2005.04.020

[56] RICHTER, A.; TÜRKE, A.; PICH, A.: Controlled Double-Sensitivity of Microgels Applied to Electronically Adjustable Chemostats. In: *Advanced Materials* 19 (2007), Nr. 8, S. 1109–1112. – DOI 10.1002/adma.200601989

[57] EDDINGTON, D. T.; BEEBE, D. J.: A valved responsive hydrogel microdispensing device with integrated pressure source. In: *Journal of Microelectromechanical Systems* 13 (2004), Nr. 4, S. 586–593. – DOI 10.1109/JMEMS.2004.832190

[58] RICHTER, A.; PASCHEW, G.: Optoelectrothermic Control of Highly Integrated Polymer-Based MEMS Applied in an Artificial Skin. In: *Advanced Materials* 21 (2009), Nr. 9, S. 979–983. – DOI 10.1002/adma.200802737

[59] LINDEN, H. J. d.; HERBER, S.; OLTHUIS, W.; BERGVELD, P.: Stimulus-sensitive hydrogels and their applications in chemical (micro)analysis. In: *Analyst* 128 (2003), Nr. 4, S. 325–331. – DOI 10.1039/b210140h

[60] RICHTER, A.; PASCHEW, G.; KLATT, S.; LIENIG, J.; ARNDT, K.-F.; ADLER, H.-J. P.: Review on Hydrogel-based pH Sensors and Microsensors. In: *Sensors* 8 (2008), S. 561–581. – DOI 10.3390/s8010561

[61] SHAKHSHER, Z.; SEITZ, W. R.; LEGG, K. D.: Single Fiber-Optic pH Sensor Based on Changes in Reflection Accompanying Polymer Swelling. In: *Analytical Chemistry* 66 (1994), Nr. 10, S. 1731–1735. – DOI 10.1021/ac00082a021

[62] SHEPPARD, N. F.; LESHO, M. J.; MCNALLY, P.; SHAUN FRANCOMACARO, A.: Microfabricated conductimetric pH sensor. In: *Sensors and Actuators B: Chemical* 28 (1995), Nr. 2, S. 95–102. – DOI 10.1016/0925-4005(94)01542-P

[63] MIYATA, T.; ASAMI, N.; URAGAMI, T.: A reversibly antigen-responsive hydrogel. In: *Nature* 399 (1999), Nr. 6738, S. 766–769. – DOI 10.1038/21619

[64] ARNOLD, F. H.; ZHENG, W.; MICHAELS, A. S.: A membrane-moderated, conductimetric sensor for the detection and measurement of specific organic solutes in aqueous solutions. In: *Journal of Membrane Science* 167 (2000), Nr. 2, S. 227–239. – DOI 10.1016/S0376-7388(99)00283-5

[65] KIM, J.; SERPE, M. J.; LYON, L. A.: Hydrogel Microparticles as Dynamically Tunable Microlenses. In: *Journal of the American Chemical Society* 126 (2004), Nr. 31, S. 9512–9513. – DOI 10.1021/ja047274x

[66] HORIE, K.; BARÓN, M.; FOX, R. B.; J. HE, M. H.; J. KAHOVEC, T. K.; KUBISA, P.; MARÉCHAL, E.; MORMANN, W.; STEPTO, R. F. T.; TABAK, D.; VOHLÍDAL, J.; WILKS, E. S.; WORK, W. J.: Definitions of terms relating to reactions of polymers and to functional polymeric materials (IUPAC Recommendations 2003). In: *Pure and Applied Chemistry* 76 (2004), S. 889 – 906. – DOI 10.1351/pac200476040889

[67] ARNDT, K.-F.; MÜLLER, G.: *Polymercharakterisierung.* Carl-Hanser-Verlag, 1996. – ISBN 978-3-446-17588-4

[68] QUESADA-PEREZ, M.; MAROTO-CENTENO, J. A.; FORCADA, J.; HIDALGO-ALVAREZ, R.: Gel swelling theories: the classical formalism and recent approaches. In: *Soft Matter* 7 (2011), Nr. 22, S. 10536–10547. – DOI 10.1039/C1SM06031G

[69] RICHTER, A.: *Quellfähige Polymernetzwerke als Aktor-Sensor-Systeme für die Fluidtechnik.* VDI Verlag, 2002 (Fortschritt-Berichte VDI: Reihe 8 Nr. 944). – ISBN 978-3-18-394408-1. – Zugl.: Technische Universität Dresden, Diss., 2002

[70] HIROKAWA, Y.; TANAKA, T.: Volume phase transition in a nonionic gel. In: *The Journal of Chemical Physics* 81 (1984), Nr. 12, S. 6379–6380. – DOI 10.1063/1.447548

[71] FERSE, B.: *Photopolymerisation – Grundlage neuer Synthesen für mechanisch stabile und temperatursensitive Nanokomposithydrogele*, Technische Universität Dresden, Diss., 2010

[72] SCHILD, H.: Poly(N-isopropylacrylamide): experiment, theory and application. In: *Progress in Polymer Science* 17 (1992), Nr. 2, S. 163–249. – DOI 10.1016/0079-6700(92)90023-R

[73] LECHNER, M. D.; GEHRKE, K.; NORDMEIER, E. H.: *Makromolekulare Chemie*. 4. Birkhäuser Verlag, 2010. – ISBN 978-3-7643-8890-4

[74] HARAGUCHI, K.; TAKEHISA, T.: Nanocomposite Hydrogels: A Unique Organic–Inorganic Network Structure with Extraordinary Mechanical, Optical, and Swelling/De-swelling Properties. In: *Advanced Materials* 14 (2002), Nr. 16, S. 1120–1124. – DOI 10.1002/1521-4095(20020816)14:16<1120::AID-ADMA1120>3.0.CO;2-9

[75] FERSE, B.; RICHTER, S.; ECKERT, F.; KULKARNI, A.; PAPADAKIS, C. M.; ARNDT, K.-F.: Gelation Mechanism of Poly(N-isopropylacrylamide)-Clay Nanocomposite Hydrogels Synthesized by Photopolymerization. In: *Langmuir* 24 (2008), Nr. 21, S. 12627–12635. – DOI 10.1021/la802162g

[76] SHIBAYAMA, M.; NAGAI, K.: Shrinking Kinetics of Poly(N-isopropylacrylamide) Gels T-Jumped across Their Volume Phase Transition Temperatures. In: *Macromolecules* 32 (1999), Nr. 22, S. 7461–7468. – DOI 10.1021/ma990719v

[77] ARSHADY, R.: Suspension, emulsion, and dispersion polymerization: A methodological survey. In: *Colloid & Polymer Science* 270 (1992), Nr. 8, S. 717–732. – DOI 10.1007/BF00776142

[78] SAUNDERS, B. R.; LAAJAM, N.; DALY, E.; TEOW, S.; HU, X.; STEPTO, R.: Microgels: From responsive polymer colloids to biomaterials. In: *Advances in Colloid and Interface Science* 147-148 (2009), S. 251–262. – DOI 10.1016/j.cis.2008.08.008

[79] DOWDING, P. J.; VINCENT, B.; WILLIAMS, E.: Preparation and Swelling Properties of Poly(NIPAM) "Minigel" Particles Prepared by Inverse Suspension Polymerization. In: *Journal of Colloid and Interface Science* 221 (2000), Nr. 2, S. 268–272. – DOI 10.1006/jcis.1999.6593

[80] KAYAMAN, N.; KAZAN, D.; ERARSLAN, A.; OKAY, O.; BAYSAL, B. M.: Structure and protein separation efficiency of poly(N-isopropylacrylamide) gels: Effect of synthesis conditions. In: *Journal of Applied Polymer Science* 67 (1998), Nr. 5, S. 805–814. – DOI 10.1002/(SICI)1097-4628(19980131)67:5<805::AID-APP5>3.0.CO;2-X

[81] PARK, T. G.; HOFFMAN, A. S.: Preparation of large, uniform size temperature-sensitive hydrogel beads. In: *Journal of Polymer Science Part A: Polymer Chemistry* 30 (1992), Nr. 3, S. 505–507. – DOI 10.1002/pola.1992.080300318

[82] KUCKLING, D.; SCHMIDT, T.; FILIPCSEI, G.; ADLER, H.-J. P.; ARNDT, K.-F.: Preparation of filled temperature-sensitive poly(N-isopropylacrylamide) gel beads. In: *Macromolecular Symposia* 210 (2004), Nr. 1, S. 369–376. – DOI 10.1002/masy.200450641

[83] CHU, L. Y.; UTADA, A. S.; SHAH, R. K.; KIM, J. W.; WEITZ, D. A.: Controllable monodisperse multiple emulsions. In: *Angewandte Chemie International Edition* 46 (2007), Nr. 47, S. 8970–8974. – DOI 10.1002/anie.200701358

[84] REIS, C. P.; NEUFELD, R. J.; VILELA, S.; RIBEIRO, A. J.; VEIGA, F.: Review and current status of emulsion/dispersion technology using an internal gelation process for the design of alginate particles. In: *Journal of Microencapsulation* 23 (2006), Nr. 3, S. 245–257. – DOI 10.1080/02652040500286086

[85] OUWERX, C.; VELINGS, N.; MESTDAGH, M.; AXELOS, M.: Physico-chemical properties and rheology of alginate gel beads formed with various divalent cations. In: *Polymer Gels and Networks* 6 (1998), Nr. 5, S. 393–408. – DOI 10.1016/S0966-7822(98)00035-5

[86] GROSSE, A.: *Synthese und Charakterisierung sphärischer vernetzter Polymere*, Technische Universität Dresden, Masterarbeit, 2010

[87] UTADA, A. S.; LORENCEAU, E.; LINK, D. R.; KAPLAN, P. D.; STONE, H. A.; WEITZ, D. A.: Monodisperse Double Emulsions Generated from a Micro-capillary Device. In: *Science* 308 (2005), Nr. 5721, S. 537–541. – DOI 10.1126/science.1109164

[88] SHAH, R. K.; KIM, J.-W.; AGRESTI, J. J.; WEITZ, D. A.; CHU, L.-Y.: Fabrication of monodisperse thermosensitive microgels and gel capsules in microfluidic devices. In: *Soft Matter* 4 (2008), Nr. 12, S. 2303–2309. – DOI 10.1039/b808653m

[89] SHAH, R. K.; SHUM, H. C.; ROWAT, A. C.; LEE, D.; AGRESTI, J. J.; UTADA, A. S.; CHU, L.-Y.; KIM, J.-W.; FERNANDEZ-NIEVES, A.; MARTINEZ, C. J.; WEITZ, D. A.: Designer emulsions using microfluidics. In: *Materials Today* 11 (2008), Nr. 4, S. 18–27. – DOI 10.1016/S1369-7021(08)70053-1

[90] ROESELING, D.; TUERCKE, T.; KRAUSE, H.; LOEBBECKE, S.: Microreactor-Based Synthesis of Molecularly Imprinted Polymer Beads Used for Explosive Detection. In: *Organic Process Research & Development* 13 (2009), Nr. 5, S. 1007–1013. – DOI 10.1021/op9001774

[91] PHAM, D.; GAULT, R.: A comparison of rapid prototyping technologies. In: *International Journal of Machine Tools and Manufacture* 38 (1998), Nr. 10–11, S. 1257–1287. – DOI 10.1016/S0890-6955(97)00137-5

[92] GOWER, M. C.: Laser micromachining for manufacturing MEMS devices. In: HELVAJIAN, H. (Hrsg.); JANSON, S. W. (Hrsg.); LAERMER, F. (Hrsg.): *Proceedings of SPIE* Bd. 4559, 2001, S. 53–59. – DOI 10.1117/12.443040

[93] BOOTH, H.: Recent applications of pulsed lasers in advanced materials processing. In: *Thin Solid Films* 453–454 (2004), S. 450–457. – DOI 10.1016/j.tsf.2003.11.130

[94] RÖTTING, O.; RÖPKE, W.; BECKER, H.; GÄRTNER, C.: Polymer microfabrication technologies. In: *Microsystem Technologies* 8 (2002), Nr. 1, S. 32–36. – DOI 10.1007/s00542-002-0106-9

[95] HECKELE, M.; BACHER, W.; MÜLLER, K. D.: Hot embossing - The molding technique for plastic microstructures. In: *Microsystem Technologies* 4 (1998), Nr. 3, S. 122–124. – DOI 10.1007/s005420050112

[96] McDONALD, J. C.; DUFFY, D. C.; ANDERSON, J. R.; CHIU, D. T.; WU, H.; SCHUELLER, O. J. A.; WHITESIDES, G. M.: Fabrication of microfluidic systems in poly(dimethylsiloxane). In: *Electrophoresis* 21 (2000), Nr. 1, S. 27–40. – DOI 10.1002/(SICI)1522-2683(20000101)21:1<27::AID-ELPS27>3.0.CO;2-C

[97] RICHTER, A.; KLATT, S.; PASCHEW, G.; KLENKE, C.: Micropumps operated by swelling and shrinking of temperature-sensitive hydrogels. In: *Lab on a Chip* 9 (2009), Nr. 4, S. 613–618. – DOI 10.1039/b810256b

[98] McDONALD, J. C.; WHITESIDES, G. M.: Poly(dimethylsiloxane) as a Material for Fabricating Microfluidic Devices. In: *Accounts of Chemical Research* 35 (2002), Nr. 7, S. 491–499. – DOI 10.1021/ar010110q

[99] XIA, Y.; WHITESIDES, G. M.: Soft Lithography. In: *Angewandte Chemie International Edition* 37 (1998), Nr. 5, S. 550–575. – DOI 10.1002/(SICI)1521-3773(19980316)37:5<550::AID-ANIE550>3.0.CO;2-G

[100] WHITESIDES, G. M.; STROOCK, A. D.: Flexible Methods for Microfluidics. In: *Physics Today* 54 (2001), Nr. 6, S. 42–48. – DOI 10.1063/1.1387591

[101] *Dow Corning Sylgard(R) 184 Silicone Elastomer Kit.* Sicherheitsdatenblatt, 2008. – Version 1.5

[102] *Dow Corning Sylgard(R) 184 Silicone Elastomer Curing Agent.* Sicherheitsdatenblatt, 2007. – Version 1.8

[103] DUFFY, D. C.; McDONALD, J. C.; SCHUELLER, O. J. A.; WHITESIDES, G. M.: Rapid prototyping of microfluidic systems in poly(dimethylsiloxane). In: *Analytical Chemistry* 70 (1998), Nr. 23, S. 4974–4984. – DOI 10.1021/ac980656z

[104] *Lackwerke Peters GmbH TI 15/12: Grundlagen der chemischen Vernetzung von 2-Komponenten-Systemen.* http://www.peters.de/images/download/Service/ti/TI15-12d_000.pdf. Abgerufen: 01.02.2012. – Online im Internet

[105] HAUSER, N.: *Untersuchungen zur Biokompatibilität von in der Herzchirurgie relevanten Polymerkunststoffen*, Universtät Tübingen, Diss., 2003. http://nbn-resolving.de/urn:nbn:de:bsz:21-opus-9056

[106] *Elantas Beck GmbH: Polyurethane Potting/Encapsulation Resin Bectron PU 4501*. Product Information, 2008

[107] GEIPEL, A.: *Novel two-stage peristaltic micropump optimized for automated drug delivery and integration into polymer microfluidic systems*, Albert-Ludwigs-Universität Freiburg, Diss., 2008. http://nbn-resolving.de/urn:nbn:de:bsz:25-opus-53992

[108] GEIPEL, A.; GOLDSCHMIDTBOEING, F.; JANTSCHEFF, P.; ESSER, N.; MASSING, U.; WOIAS, P.: Design of an implantable active microport system for patient specific drug release. In: *Biomedical Microdevices* 10 (2008), S. 469–478. – DOI 10.1007/s10544–007–9147–2

[109] *Lackwerke Peters GmbH: Wepuran-Gießharze der Reihe VT 3402 KK*. Technisches Merkblatt, 2008

[110] *Lackwerke Peters GmbH TI 15/10: Verarbeitung von 2-Komponenten-Systemen.* http://www.peters.de/images/download/Service/ti/Ti15-10d_000.pdf. Abgerufen:01.02.2012. – Online im Internet

[111] *Epurex Films GmbH: Platilon(R) U Hochelastische Polyurethanfolien*. Technische Daten, 2005

[112] SAECHTLING, H.; PABST, F.; WOEBCKEN, W.: *Kunststoff-Taschenbuch*. 25. Carl-Hanser-Verlag, 1992. – ISBN 3–446–16498–7

[113] BRAUNSBERGER, T. U.: *Verhalten zyklisch betauter Silikonoberflächen bei elektrischer Beanspruchung*. Cuvillier-Verlag, 2007. – ISBN 978–3–86727–435–7. – Zugl.: Braunsberger, T. U., Technische Universität Braunschweig, Diss., 2007

[114] GLEICH, H.: *Zusammenhang zwischen Oberflächenenergie und Adhäsionsvermögen von Polymerwerkstoffen am Beispiel von PP und PBT und deren Beeinflussung durch die Niederdruck-Plasmatechnologie*, Universität Duisburg-Essen, Diss., 2004. http://nbn-resolving.de/urn:nbn:de:hbz:464-duett-07132004-1345302

[115] BATZILL, M.; DIEBOLD, U.: The surface and materials science of tin oxide. In: *Progress in Surface Science* 79 (2005), Nr. 2–4, S. 47–154. – DOI 10.1016/j.progsurf.2005.09.002

[116] STARKE, E.; TÜRKE, A.; SCHNEIDER, M.; FISCHER, W.: Setup and properties of a fully inkjet printed humidity sensor on PET substrate. In: *Sensors, 2012 IEEE*, 2012, S. 1–4. – DOI 10.1109/ICSENS.2012.6411259

[117] WU, J.; CAO, W.; WEN, W.; CHANG, D. C.; SHENG, P.: Polydimethylsiloxane microfluidic chip with integrated microheater and thermal sensor. In: *Biomicrofluidics* 3 (2009), Nr. 1, S. 012005-1. – DOI 10.1063/1.3058587

[118] WECKENMANN, A.: Anwendung des elektro-thermischen Analogieverfahrens zur Erzeugung und Verarbeitung von tiefstfrequenten Schwingungen. In: *Electrical Engineering (Archiv für Elektrotechnik)* 56 (1974), S. 86–92. – DOI 10.1007/BF01408585

[119] BRÜHLMANN, T.: *Arduino Praxiseinstieg.* 1. mitp, 2010. – ISBN 978-3-8266-5605-7

[120] *Arduino Mega 2560.* http://arduino.cc/en/Main/ArduinoBoardMega2560. Abgerufen: 18.07.2011. – Online im Internet

[121] LAHRES, B.; RAYMAN, G.: *Objektorientierte Programmierung.* 2. Galileo Computing, 2009 http://openbook.galileocomputing.de/oop/. – ISBN 978-3-8362-1401-8

[122] SEEMANN, J.; GUDENBERG, J. W.: *Software Entwurf mit UML2.* 2. Springer, 2006. – ISBN 978-3-540-30949-9

[123] THOMAS, D.; HUNT, A.: *Programming Ruby: A Pragmatic Programmer's Guide.* Addison-Wesley Professional, 2000 http://ruby-doc.org/docs/ProgrammingRuby/. – ISBN 978-0-201-71089-2

[124] SOLÍS-OBA, M.; UGALDE-SALDÍVAR, V. M.; GONZÁLEZ, I.; VINIEGRA-GONZÁLEZ, G.: An electrochemical–spectrophotometrical study of the oxidized forms of the mediator 2,2'-azino-bis-(3-ethylbenzothiazoline-6-sulfonic acid) produced by immobilized laccase. In: *Journal of Electroanalytical Chemistry* 579 (2005), Nr. 1, S. 59–66. – DOI 10.1016/j.jelechem.2005.01.025

[125] HORTON, H. R.; BIELE, C.: *Biochemie.* 4. Pearson Studium, 2008. – ISBN 978-3-8273-7312-0

[126] SCHWISTER, K. (Hrsg.): *Taschenbuch der Chemie.* Fachbuchverlag Leipzig, 1995. – ISBN 978-3-343-00878-0